농산물 수출입
실무 무작정 따라 하기

농산물 수출입 실무 무작정 따라 하기

발행일	2024년 1월 26일

지은이	박준현		
펴낸이	손형국		
펴낸곳	(주)북랩		
편집인	선일영	편집	김은수, 배진용, 김부경, 김다빈
디자인	이현수, 김민하, 임진형, 안유경	제작	박기성, 구성우, 이창영, 배상진
마케팅	김회란, 박진관		
출판등록	2004. 12. 1(제2012-000051호)		
주소	서울특별시 금천구 가산디지털 1로 168, 우림라이온스밸리 B동 B113~114호, C동 B101호		
홈페이지	www.book.co.kr		
전화번호	(02)2026-5777	팩스	(02)3159-9637

ISBN	979-11-93716-48-9 13520 (종이책)	979-11-93716-49-6 15520 (전자책)

(주)북랩 성공출판의 파트너

북랩 홈페이지와 패밀리 사이트에서 다양한 출판 솔루션을 만나 보세요!

홈페이지 book.co.kr • **블로그** blog.naver.com/essaybook • **출판문의** book@book.co.kr

작가 연락처 문의 ▶ ask.book.co.kr

작가 연락처는 개인정보이므로 북랩에서 알려드릴 수 없습니다.

성공적인 농산물 수출입을 위한 실전 노하우

농산물 수출입 실무 무작정 따라 하기

◆ 박준현 지음 ◆

plant quarantine
식물검역

food inspection   Designated as export complex
식품검사   수출단지지정

FOREMAN
주관자

APQA

Registration of packaging location

Application for tariff quota   포장장소등록
할당관세신청

Designated as export complex
수출단지지정

이 책은 가상의 상황과 실제 같은 예시를 통해
수출입 식물 검역 과정에서 발생할 수 있는 다양한 요인을
명확하게 이해할 수 있도록 돕는다!

 북랩

들어가면서

농산물 수출입을 위해 마주하는 법령과 규정들은 크게 식물방역법(농림축산식품부), 수입식품안전관리특별법(식약처), 식품표시광고법(식약처), 관세법(기재부), 자유무역협정의 이행을 위한 관세법의 특례에 관한 법률(약칭: 자유무역협정관세법, 기재부) 및 각종 하위 고시 등 매우 광범위하고 복잡하게 이루어져 있습니다.

이들 부처의 법령들이 어느 하나 중요하지 않은 것이 없을 뿐더러 특히 농산물 수출입을 하기 위해선 국내에서 수행해야 할 규정뿐만 아니라 상대국 거래 당사자가 규정을 정확히 이행하고 있는지에 대한 확인과 검토도 매우 중요합니다. 농산물 수출과 수입은 원산지와 농산물마다 규정이 제각기 다르므로 재배에서부터 선적 이후까지 매우 세심한 주의가 필요하며, 사소한 실수나 부주의 하나가 통관 거부의 원인이 되기도 합니다.

이 책에서는 농산물 수출과 수입에 대한 전반적인 이해가 충분히 될 만한 대표적인 품목을 선정하여 실무적 관점에서 예시 자료와 함께 설명을 하였습니다. 수많은 국가의 수많은 농산물들의 수출입 요건들을 설명하는 것은 대체로 중복 내용 등 페이지 분량에 비해 효과적이지도 않을뿐더러 독자들이 그걸 다 읽고 알아야 할 필요도 없습니다.

이 책을 읽고 전반적인 농산물 수출입 관련 규정들을 이해를 하셨다면 이후론 어떠한 품목이라도 이 책에서 설명하고 있는 내용을 바탕으로 독자 스스로가 관련 규정들을 충분히 확인하고 검토하실 수 있을 것임을 확신합니다.

이 책은 실무를 하게 될 때 갖게 되는 궁금증을 실제 사례와 일부 허구를 적절히 스토리로 재구성하여 독자들의 이해를 돕고자 했으며, 회사명, 이름 등은 가명입니다.

지난해 저자의 저서인 『식품표시광고법과 수입식품법 해설』을 자문을 해 주신 송종호 경북대학교 경영학부 전 교수님 그리고 마찬가지로 이번에도 꼼꼼히 감수를 해 주신 법무법인 한샘 옥종호 변호사님 그리고 저자와 20여 년을 신영관세사에서 동고동락하면서 희로애락을 함께한 친동생 같은 김병연 관세사에게도 지면을 통해 다시 한번 깊은 감사를 드립니다.

끝으로 이 책의 출간을 허락해 주신 북랩 출판사 대표님과 편집을 담당해 주신 모든 분들에게도 감사의 말씀을 전합니다.

2024년 1월
논현동 연구소에서 저자 씀

_____

차 례

Ⅱ

태국산 망고를 수입하는 SY농산

"농업회사법인 참달코메"
태국 백화점에
샤인머스캣을 수출하다

본 장의 내용에 인용한 규정과 자료는 아래와 같습니다.
*한국산 복숭아·포도·배·사과·감(단감)·딸기·참외(멜론) 감귤 생과실의 태국 수출 검역 요령
[시행 2021.3.30.][농림축산검역본부고시 제2021-20호]
*수출검역단지 지정 및 관리요령[시행 2022. 1. 21.] [농림축산검역본부고시 제2022-2호]
*수출식물검역문답집 농림축산검역본부

아래 내용은 태국 수출이 가능한 한국산 생과실류 6종[2]에 관한 내용이며, 나머지 2종인 참외(멜론), 감귤에 대한 내용은 설명하지 않았습니다. 하지만 나머지 2종에 대한 것은 앞 페이지 하단에 각주로 명기한 관련 규정과 자료들을 확인하시면 어렵지 않게 이해가 되시리라 믿습니다.

2013년에 귀농한 후 샤인머스캣 농사를 지으며 나름 땀의 보람을 느끼며 지내던 박신영 대표는 최근 몇 년은 너무 힘이 듭니다. 그동안 전국적으로 샤인머스캣의 재배 면적도 크게 늘었고 생산량이 급증한 반면, 소비자들의 반응은 예전과 같지 않으니 자연히 가격은 하락할 수밖에 없습니다.

박신영 대표는 해외 시장 공략이 현재의 어려움을 극복할 수 있는 최선이라 생각하고 지역 샤인머스캣 재배 농가들과 공동 선별장을 만들고 수출을 위한 법인화를 하였습니다.

---

2   복숭아, 포도, 배, 사과, 감(단감), 딸기

한국산 샤인머스캣이 태국 현지 시장에서 인기가 높다는 소식을 접한 바 있어 박신영 대표는 태국 수출에 관심을 가지게 되었습니다. 하지만 신선 농산물들은 병해충 등 시기마다 변동이 될 수 있는 특성이 있기 때문에 현재 수출이 가능한지를 마냥 들리는 소식만으로 판단하는 건 옳지 못하다 생각했습니다.

자, 그럼 한국산 샤인머스캣(포도)이 태국에 수출이 가능한지 확인은 어떻게 하면 될지 알아보겠습니다.

01.

수출 식물 검역 요건 이행하기
(농림축산검역본부)

1) 한국산 포도 수출 가능 국가와 수출 검역 요건 확인하기

① 농림축산검역본부 홈페이지 방문(www.qia.go.kr)

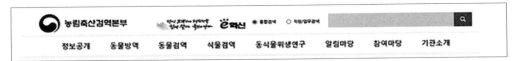

② 식물 검역 ⇒ 수출 식물 검역 정보

③ 수출 검역 요건 확인

- 식물 검역 → 외국의 검역 요건 DB 검색

- 국가별, 품목별 수출 요건 검색

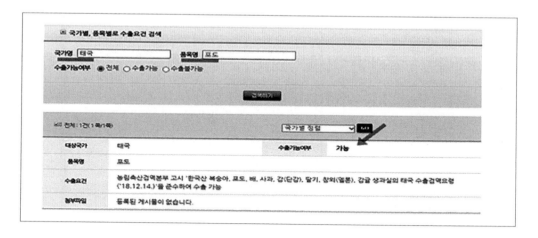

- 신선 농산물 수출 검역 요건 클릭

신선 농산물 수출검역 요건

농림축산검역본부
수 출 지 원 과

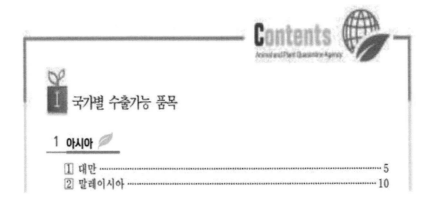

Contents
Animal and Plant Quarantine Agency

I 국가별 수출가능 품목

1 아시아

이제 박신영 대표는 태국뿐만 아니라 전 세계 수출 가능한 국가 여부를 스스로 확인해 볼 수 있게 되었습니다. 하지만 자료 검색만으로는 미심쩍은 부분들이 있어 농림축산검역본부에 유선 등의 방법으로 확인을 하고 싶기도 합니다.

국가명	담당자	연락처
중국(홍콩)	김동욱	054-912-0623
베트남	백지현	054-912-0997
동남아시아(베트남 제외)	김형주	054-912-0624
대만, 아시아(중국, 대만, 일본, 동남아시아 제외)	최지영	054-912-0625
오세아니아	정영화	054-912-0629
일본, 아프리카	김도남	054-912-0628
중남미(멕시코 제외)	이지경	054-912-0634
미국, 캐나다, 멕시코	박지임	054-912-0632
유럽, 러시아, CIS국가	신종현	054-912-0633
중동	박가영	054-912-0630

캡처 일자: 2023.11.25.

이제 박신영 대표는 수출 가능한 국가를 확인하였고, 최종적으로 태국 시장 진출을 준비하기로 하였습니다. 이제 수출을 위해 준비해야 할 요건들에 대해서 확인해 보겠습니다.

2) 포도 등 생과실의 태국 수출 검역 요령 검색하기

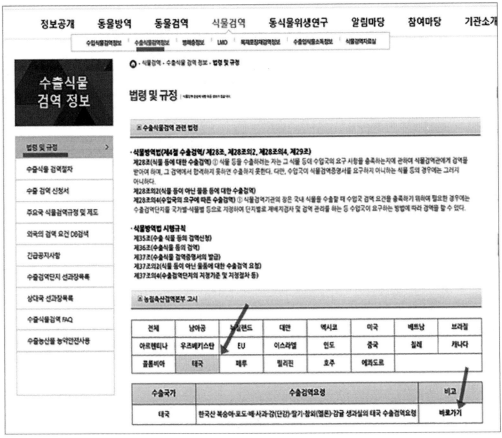

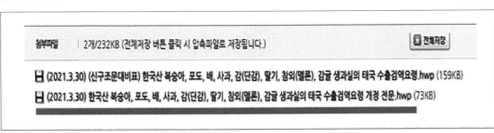

농림축산검역본부고시 제2018-36호

식물방역법 제28조 및 같은 법 시행규칙 제36조제2항에 따라 「한국산 복숭아·포도·배·사과·감(단감 포함)·딸기·참외(멜론 포함)·감귤 생과실의 태국 수출검역요령」을 다음과 같이 제정 고시합니다.

2018년 12월 14일

농림축산검역본부장

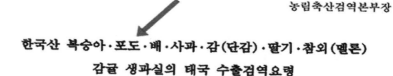

한국산 복숭아·포도·배·사과·감(단감)·딸기·참외(멜론) 감귤 생과실의 태국 수출검역요령

제정 2018.12.14. 농림축산검역본부고시 제2018-36호

또는 법제처 국가법령정보센터에서 검색(www.law.go.kr), 최신 개정 법령을 확인하면 됩니다.

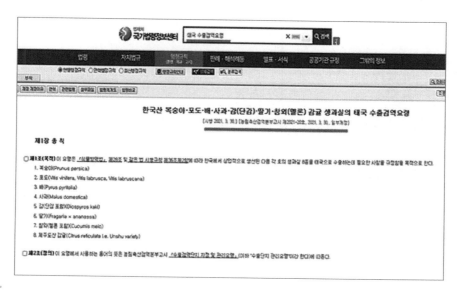

3) 수출 단지 지정받기

① 수출 단지로 지정받으려면 어떤 요건이 필요하나요?

1. 수출 물량을 지속적으로 확보할 수 있는 규모로써, 체계적으로 관리·운영할 수 있는 지역농협, 전문농협, 영농조합 및 작목반 등 생산자 조직이 결성·운영되어야 합니다.

2. 행정 구역(시·군) 단위로 집단화되어야 합니다.
Q. 수출 단지가 인접한 행정 구역(시·군)에 걸쳐 집단화되고 단일 생산자 조직으로 구성된 경우는 어떻게 하나요?
A. 요건을 갖춘 것을 봅니다. (집단화 기준의 특례)

3. 수출 단지의 대표자는 1명 이상의 관리 책임자를 지정하여 수출 단지를 관리되도록 운영하여야 합니다.

4. 수출 단지에는 구비 요건에 적합한 선과장을 갖추어야 합니다.
* 태국으로 생과실 6종[3]을 수출하려는 수출 선과장은 선과, 포장 및 보관 관련 전 과정이 상세히 기록된 표준 작업 절차(Standard Operating Procedures, SOP)를 문서로 작성하여 비치해야 합니다.

② 수출 선과장의 부대 시설 및 장비의 요건들은 어떤 게 있나요?

---

[3]   복숭아, 포도, 배, 사과, 감(단감), 딸기

1. 선과 전·후 수출용 농산물을 구분·격리하여 보관할 저장 시설이 구비되어 있어야 합니다.

2. 선과장 및 보관 창고의 출입문에는 해충의 침입을 방지하기 위하여 에어 커튼 또는 고무 커튼 등이 설치되어야 하고, 창문 등 열린 구멍에는 1.6㎜ 이하의 방충망이 설치되어야 합니다.

3. 농산물의 선별을 위한 선과 시설이 있어야 하며, 선과 시설에는 농산물의 선과에 충분한 밝기의 조명이 있어야 합니다.

4. 식물 검역관의 수출 검사를 위해 적절한 조명을 갖춘 검사대가 있어야 합니다. 검사대는 안전한 실내에 위치하여야 하고, 출입구, 환기구 및 선과되지 않은 과실로부터 떨어져 있어야 합니다.

5. 선별 과정 중 공기 또는 물 세척을 실시해야 하는 경우, 에어 컴프레서, 세척기 및 집진기 등 장비가 구비되어야 합니다.

③ 수입국의 검역 요건에서 요구하는 경우

1. 과실 봉지 또는 잔류 해충을 제거하는 구역과 포장 구역은 물리적(격벽, 비닐 등)으로 구분되어야 합니다.

2. 선과장 내의 해충 감염을 확인을 위하여 트랩(끈끈이트랩 등)이 설치되어야 합니다.

3. 수입국이 소독 처리를 요구할 경우, 수입국의 검역 요건에 적합한 소독 시설(또는 장비)을 갖추어야 합니다. 다만, 특별한 요건이 없는 경우 농림축산검역본부

장이 정한 「수출입식물검역소독처리규정」에 따라 소독처리 할 수 있는 시설(또는 장비)을 갖추어야 합니다.

4. 본 조항에서 규정하지 않는 수출 단지 요건은 수입국의 검역 요건에 따릅니다.

④ 수출 단지 지정 신청은 언제까지 하면 되나요?

수출 선과 개시 30일 전까지는 신청해야 합니다.

⑤ 서식은 별도로 있나요?

아래 서식들을 참고하세요.

⑥ 수출 단지 지정 신청서는 어디에 제출하면 되나요?

그 재배 지역을 관할하는 시장·군수에게 수출 단지 지정 신청서를 제출하면 됩니다. 아래 내용은 해당 기관의 처리 절차이니 참고만 하시면 되겠습니다.

참고

- 수출 단지 지정 신청서를 제출받은 시장·군수는 관련 서류 등을 확인하고 수입국의 검역 요건에서 정한 기한까지 해당 시·군을 관할하는 농림축산검역본부 지역 본부장 또는 사무소장에게 지정 신청하여야 합니다. - 수출 단지 지정(변경) 신청을 받은 지역본부장 또는 사무소장은 20일 이내에 현지 확인을 실시한 후 요건에 적합하다고 판단되는 경우, 해당 수출 단지에 대해 지정 번호를 부여하고 그 결과를 시장·군수에게 통보합니다.

수출 검역 단지 지정 신청서

신청인	성 명		생년월일	
	기 관 명 (생산자 조직명)		직 책	
	기관주소		(전화:)	
단 지 명 (선과장명)	단 지 명	(국문)	대 표 자	(국문)
		(영문)		(영문)
	단지 (선과장) 주소	(국문)	생산예상량(톤)	
		(영문)	선과장 수	
	참여농가수 (호)		재배지면적(㎡)	
관리책임자	성 명		생년월일	
품 목		수 출 국	(복수 국가 신청 가능)	
수출계획량 (톤)		전년도 수출실적(톤)		

「수출검역단지 지정 및 관리요령」(농림축산검역본부고시)에 따라 (농산물명) 수출검역단지 지정을 신청합니다.

년   월   일

생산자조직 대표   (서명 또는 인)

농림축산검역본부   ○○지역본부장·사무소장 귀하

※ 첨부서류
 1. 수출선과장 내역서 각1부
 2. 선과시설과 저장시설의 약도 및 평면도 1부
 3. 생산자조직 지도(재배지 위치표시) 사본 1부
 4. (별지 제12호서식) 수출단지 대표 및 관리책임자의 개인정보수집 및 이용·제공동의서 각 1부

210㎜×297㎜[백상지(80g/㎡) 또는 중질지(80g/㎡)]

(첨부 1)

수출 선과장 내역서

선과장명	(국문)				
	(영문)				
선과장 소재지	(국문)				
	(영문)				
총 면적(㎡)		선과 품명		수출국	(복수 국가 기재 가능)

소유자	주 소		(전화:)		
	성 명	(국문)	생년월일 (법인은 업체 등록 번호)		
		(영문)			
관리 책임자	성 명		전화번호		

시 설 (개수 및 유무)	선과 라인 ①	저온 저장 시설 ② (또는 밀폐 보관 시설)		소독 시설 ③	출입구, 창문 등 방충 시설 ④
		선과 전	선과 후		
장 비 (개수 및 유무)	수출 검역 장비 ⑤	에어컴프레서 및 집진기 등 잔류 해충 제거 장치 ⑥		선과기 및 검사 대조명 ⑦	비페로몬 예찰 트랩 ⑧ 설치 유무

붙임: 수출 선과장 시설·장비 세부 내역

수출 선과장 시설·장비 세부 내역

시 설	선과 시설	선과 라인 ① (규격·수량)						
		조 명 (규격·수량)						
	저온 저장 시설 ② 또는 밀폐 보관 시설	선과 전 (면적·수량)						
		선과 후 (면적·수량)						
	소독 시설 ③	소재지				면적 (㎡)		
		소유자 (연락처)		구분	저온	훈증	기타	
	방충 시설 ④	출입구(규격· 수량·위치)						
		창문 (규격·수량)						
장 비	수출 검역 장비 ⑤	검사대 (규격·수량)						
		조명 (규격·수량)						
	잔류 해충 제거 장치 ⑥	에어컴프레서 (규격·수량)						
		집진기 등 (규격·수량)						
	선과(선별)기 ⑦	선과기 (규격·수량)						
		조명 (종류·수량)						
	기타 장비	트랩 ⑧ 유형						

4) 참여 농가들의 재배지 관리

① 태국 수출용 포도를 포함한 생과실 6종[4]의 재배지 관리 시 준수해야 할 사항들은 어떤 게 있나요?

1. 수출 단지 대표자는 수출용 농산물의 병해충 감염을 방지하기 위하여 참여 농가가 농촌진흥청이 권고하는 「농약사용안전지침」에 따라서 적절한 방제를 실시하도록 조치하여야 합니다.

2. 수입국의 검역 요건이 있는 경우, 수출 단지 대표자는 수출용 농산물의 재배지에 품명, 재배 면적, 재배자명 및 수출국 등을 표시한 표지판을 설치하여야 합니다.

3. 수입국의 검역 요건이 있는 경우, 참여 농가는 그 방제 상황을 아래 별지 제5호 서식의 수출 농산물 재배지 병해충 방제기록부에 기록하고 수출 단지 대표자에게 제출하여야 합니다. 수출 단지 대표자는 방제 기록을 검토하여 병해충 방제가 소홀한 농가의 농산물이 수출되지 않도록 조치하여야 하고, 방제 기록은 최소 2년간 보관해야 합니다.

4. 관리 책임자 및 참여 농가는 재배 중 농산물의 병해충 관리 및 수출 검역 요건을 준수하기 위하여 매년 지역본부장 또는 사무소장이 실시하는 검역 요건 교육을 받아야 합니다.

4　복숭아, 포도, 배, 사과, 감(단감), 딸기

② 이외 참여 농가가 추가로 준수해야 할 요건들이 있나요?

1. 농산물우수관리(Good Agriculture Practice, GAP)를 이행해야 합니다.

2. 병해충종합관리(IPM) 또는 태국 측 우려병해충 관리를 위한 방제를 해야 합니다.

3. 방제기록부 기록 및 보관을 해야 합니다. (수출 단지 검역요령에 명시된 방제기록부 기재 사항과 동일한 양식을 비치하는 경우 이를 갈음할 수 있음.)

4. DOA[5]의 요청이 있는 경우 수출 단지 대표자는 방제기록부를 APQA[6]에 제공하여야 합니다.

---

[5] 태국 농업부
[6] 대한민국 농림축산식품부 농림축산검역본부

<u>수출 농산물 재배지 병해충 방제기록부</u>

□ 참여 농가명(농가 번호):   (전화번호:)

□ 재배지 주소:

□ 재배지 면적: ㎡

□ 품목(수출국):

□ 약제 방제 상황

일련번호	방제 일자(월/일)	병해충명/방제 약제명	비고(살포량)

210㎜×297㎜[백상지(80g/㎡)]

5) 참여 농가 등록과 제외

포도 포함 생과실 6종의 태국 수출을 희망하는 참여 농가는 매년 등록을 해야 합니다.

① 참여 농가 등록은 어떻게 하나요?

수출 단지 대표자는 매년 선과 20일 전까지 농산물우수관리(GAP)승인서 사본과 함께 참여 농가 목록을 지역본부장 또는 사무소장에게 제출하여야 합니다.

② 참여 농가 등록이 될 수 없는 경우는 무엇인가요?

1. 해당 농가가 부정·불법 수출에 연루된 경우
2. 최근 2년간 수출 실적이 없는 농가

   예외 「재난 및 안전관리 기본법」 제60조의 규정에 따라 특별 재난 지역으로 선포된 지역의 농가인 경우에는 예외를 인정

   참고

   신규 수출 농가는 해당되지 않습니다.
3. 재배지 관리 및 준수 사항을 이행하지 않은 경우
4. 해당 농가에서 생산된 수출용 농산물이 수입국의 도착지검역에서 우려 병해충이 검출되어 통보된 경우

그리고 수출 단지에서 제외된 농가는 당해연도 수출에 참여할 수가 없습니다.

6) 태국 수출용 포도의 선과

수출 단지 대표자는 선과 기간 동안 선과장 점검 및 수출용 농산물 선과 계획서를 일주일 단위로 작성하여 지역본부장 또는 사무소장에게 제출하여야 합니다. 물론 방문할 필요 없이 인터넷 등 정보 통신망을 통해 제출하여도 됩니다.

수출용 농산물 선과계획서

수 신 :　　○○지역본부장·사무소장 귀하

「수출 검역 단지 지정 및 관리 요령」(농림축산검역본부고시)에 따라 (국가명) 수출용 (품목)에 대한 선과 계획서를 아래와 같이 제출합니다.

□ 수출 단지명(지정 번호):
□ 선과 계획

선과 일자	농가 번호	농가명	품 종	선과 예정량(kg)	검역 희망일	비고

년　　　월　　　일

수출 단지 대표　　　　　　(서명 또는 인)

210㎜×297㎜[백상지(80g/㎡)]

7) 선과된 포도의 포장과 보관 방법 및 표기 방법

① 포장 및 보관 방법을 알려 주세요

1. 포장 상자는 사용되지 않은 포장재를 사용하여야 하고, 수송 중 파손 또는 훼손되지 않을 정도로 견고하여야 합니다.
2. 관리 책임자는 포장 시 흙, 잎 또는 가지 등의 식물성 잔재물이 혼입되지 않도록 조치하여야 합니다. 매우 중요한 사항이니 필히 숙지하시기 바랍니다.
3. 관리 책임자는 내수용, 선과 전·후 또는 다른 국가 수출용 농산물과 구분·격리하여 보관하여야 합니다.
4. 관리 책임자는 선과된 농산물에 대해 선적 시까지 병해충 재감염을 방지하기 위한 적절한 위생 및 안전 조치를 취해야 합니다.

② 표기 방법은 별도의 규정이 있나요?

1. 수출용 농산물의 포장 상자에는 생산자를 역추적할 수 있도록 포장 박스에 영문(ENGLISH)으로 선과장명(또는 선과장 번호), 농가명(또는 농가 번호) 등 필요한 정보가 표기되어야 합니다.

   예 원산지, 수출업체명, 과실명, 선과장 등록 번호, 참여 농가 등록 번호 등

   > 1. Product or produce of Korea
   > 2. Name of exporting company
   > 3. Name of fruit
   > 4. Packing house code (PHC)
   > 5. Production unit code (PUC)

   영문 표기 사항

2. 생과실이 개별 상자에 포장되어 수출되는 경우, 각 포장 상자마다 "EXPORT TO THAILAND(태국 수출용)" 표기가 보이도록 스탬프 날인 또는 스티커를 부착해야 합니다.

3. 포장 상자가 화물용 컨테이너에 Pallet(파렛트)로 적재되어 수출되는 경우에는 Pallet의 4면에 "EXPORT TO THAILAND" 표기가 보이도록 스탬프 날인 또는 스티커를 부착하는 것으로 개별 상자 표시를 갈음할 수 있습니다.

③ 포도 박스를 목재 포장재로 사용하면 어떤 조치를 취해야 하나요?

수출 화물에 사용되는 모든 목재 포장재는 ISPM 15를 준수하여야 합니다.

④ ISPM 15 규정이 뭐죠?

목재 포장재 검역 관련 국제기준법을 말하며 소독 처리(열처리 또는 메틸브로마이드 등) 후 소독 처리 마크를 표지하도록 요구합니다. 따라서 수출자는 검역 본부에 등록된 열처리업체 또는 수출입식물방제업체에 소독을 의뢰하여 소독 처리 후 소독 처리 마크를 표지하여 수출하여야 합니다.

소독 마크 예시

- symbol(로고): IPPC에서 승인한 심볼로써 왼편에 표시되어야 합니다.
- KR(국가 코드): ISO의 2자리 국가 코드(Korea ⇒ KR)
- 20○○○(생산자 코드): 소독 처리 업체에 검역본부가 부여한 고유번호
- 생산자 코드의 20은 마크사용등록증을 발급한 지역 본부 기관번호
- ○○○은 열처리업 등록(증) 번호 또는 방제업 신고(증) 번호
- HT 또는 DB 또는 MB: 소독처리코드
  - HT: 열처리(Heat Treatment)
  - DH: 마이크로웨이브처리(Dielectric Heat Treatment)
  - MB: 메틸브로마이드 훈증(Methyl Bromide Fumigation)

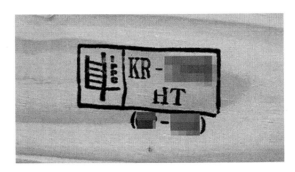

사진 출처: 대영종합파렛트 네이버 블로그

⑤ 소독 처리된 목재 포장재도 검역 증명서가 필요할까요?

목재 포장재 검역을 시행하는 대부분의 국가는 수출식물검역증명서 없이 목재 포장재에 소독 처리 마크 표지만으로 수출이 가능합니다. 다만, 수입국의 추가적인 요구 사항이 있는 경우에는 그 요구를 따르거나 식물 검역관의 검역을 받아 수출식물검역증명서를 발급받아 수출할 수 있습니다. 각국의 목재 포장재 검역 요건에 대해서는 '농림축산검역본부 홈페이지-식물 검역-목재 포장재 검역 정보'를 참고하시기 바랍니다.

8) 포장이 완료된 샤인머스캣을 다른 수출 단지로 이동할 수 있나요?

수출 단지 대표자는 선과장 간 이동 내역서(애래 별지제 12호 서식 참조)를 작성하여 지역본부장 또는 사무소장에게 이동 신청을 하면 됩니다. 다만, 등록된 선과장에서 선과, 포장 및 보관 요건을 충족시킨 것에 한하며, 운송 시에는 1.6㎜ 이하의 망 또는 천막 등으로 덮거나 밀폐된 운송 수단을 사용하여야 합니다.

수출용 농산물의 선과장 간 이동 내역서

□ 수 신:　　　　　○○지역본부장·사무소장

출발 선과장	수출단지명		수출단지 지정번호	
	대 표 자 (연락처)	(전화 :　　　　　　　　)		
	주 소			
도착 선과장	수출단지명		수출단지 지정번호	
	대 표 자 (연락처)	(전화 :　　　　　　　　)		
	주 소			
품 목		수 량 (포장수)	kg (　　　C/T,　　　Palet)	
차량 번호		병해충 방지 조치 방법	□ 1.6㎜ 이하의 망 또는 천막 등 □ 밀폐된 운송 수단	
출발 예정 일시		도착 예정 일시		

위와 같이 수출용 농산물의 승인된 선과장 간 이동을 통보합니다.

년　　　월　　　일

수출단지 대표 ○○○ (서명 또는 인)

확 인 자	
출발 선과장	도착 선과장
직 급: 성 명:　　　　　　　(서명 또는 인)	직 급: 성 명:　　　　　　　(서명 또는 인)

210㎜×297㎜[백상지(80g/㎡)]

9) 식물 검역 온라인 민원 시스템을 통한 수출입업체 등록하기

태국으로 수출할 샤인머스캣을 포장까지 완료하였고, 이제 농림축산검역본부에 식물 검역 신청을 하면 되지만 앞서 해야 할 것이 있습니다. 바로 식물 검역 온라인 민원 시스템을 통해서 수출입업체를 등록하여 코드를 받는 것입니다.

① 수출입업체 등록하기

1. 'www.pqis.go.kr/minwon' 또는 포털에서 '식물 검역 온라인 민원 시스템' 검색 → 수출입업체 등록 신청

② 수출입업체 본인 인증 화면

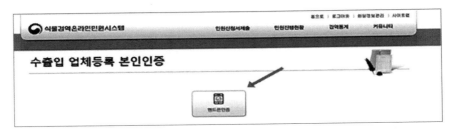

③ 수출입업체 등록 신청

1. 내용 기재, 저장 후 제출
2. 첨부 파일에는 영문 사업자등록증 제출(국세청 홈텍스에서 즉시 발급)
   → 한글본일 경우 업체명, 대표자명, 주소를 영문으로 부기 후 제출

④ 제출 후 화면

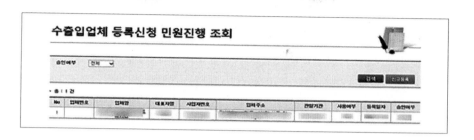

10) 수출 식물 검역 신청

이제 선적 전 수출 검역 신청만을 남겨 두고 있습니다. 수출 검역 신청은 식물검역신고대행자 등록증을 보유한 관세사 등에게 의뢰하면 되지만, 여기서 신고 과정을 한번 확인해 보겠습니다.

식물검역신고 대행자 등록증

법 인(상호) 명			
대 표 자 성 명		생년월일	
사업장 소재지			

「식물방역법」 제12조의4제2항 및 같은 법 시행규칙 제18조의6제2항에 따라 식물검역신고 대행자로 등록하였음을 증명합니다.

2○○년 ○○월 ○○일

농림축산검역본부장

① 수출 식물 검역 신청은 언제까지 누구에게 하면 되나요?

수출 검역은 선적하기 전 이루어져야 하며, 검역을 희망하는 일자의 최소 하루 전까지는 신청해야 합니다. 또한 수출 검역을 위해 수출 화물이 보관되어 있는 장소 (수출 선과장)을 관할하는 검역본부, 지역본부, 사무소에 수출 식물 검역 신청을 하면 됩니다.

이미 선적된 물품에 대해서는 수출 식물 검역을 할 수 없으므로 수출식물검역증명서를 발급할 수 없습니다. 반드시 수출 식물 검역을 받으시고 선적하시기 바랍니다.

② Uni-Pass를 통한 수출 식물 검역 신청하기

1. 국가관세종합정보망서비스(www.unipass.customs.go.kr)에 접속해서 가입합니다. 공인 인증서 없이는 사용자 등록이 되지 않음을 유의하시기 바랍니다.

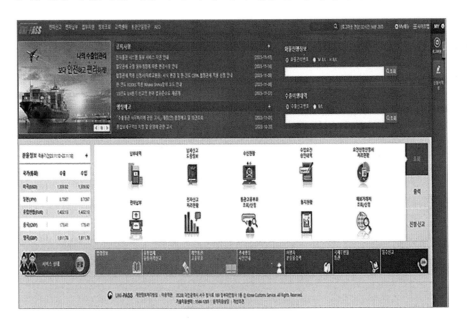

2. 통관 단일 창구 → 신청서 작성 → 전체

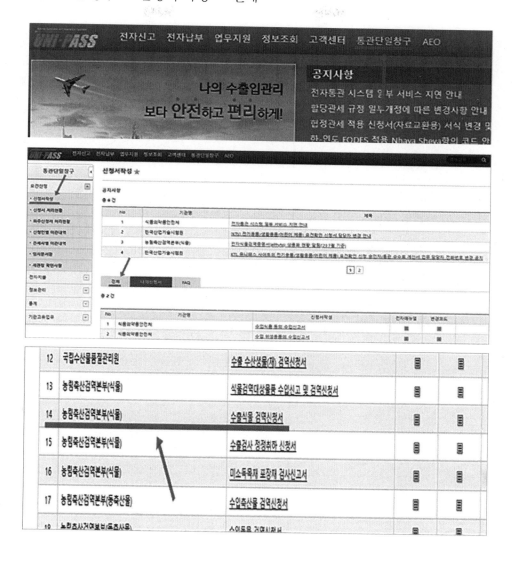

3. 수출 식물 검역 신청서 공통 사항 화면

(1) 신청 기관 선택

수출 검역을 받을 샤인머스캣이 보관되어 있는 장소의 관할 검역 본부(지역 본부 및 사무소)를 검색해서 선택하시면 됩니다.

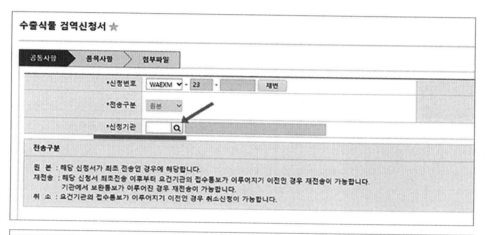

(2) 신청인/수출자

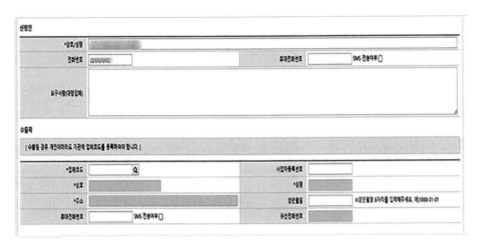

- 상호/성명, 전화번호: 로그인한 사용자의 등록된 정보가 자동 출력됩니다.
- 요구 사항(대행업체): 요구 사항 등을 입력합니다.
  ⅰ. 수출식물검역증명서를 대리인이 발급받고자 하는 경우 해당 대리인의 성
  명, 상호, 전화번호를 기재합니다.
  * 식물검역신고 대행자(농림축산검역본부에 등록된 대행자)
  ⅱ. 수출 식물 현장 검역할 때 입회할 사람 등 참고 사항에 대해 입력합니다.
  ⅲ. 서류검역 등으로 검역증명서를 택배로 수령할 경우, 주소를 기재합니다.
  ⅳ. 현장 발급 전 검역증명서를 우선 받아 확인할 경우, 관련 내용을 기재합
  니다.
  ⅴ. 수출식물검역증명서가 2부 이상 필요한 경우, 관련 사유와 발급 매수 기재
  합니다.
- 업체 코드: 앞서 식물검역온라인시스템에 등록한 수출자의 업체 코드를 입력
  합니다. 이외 해당란에 입력하거나 자동 생성됩니다.

(3) 수입자/기본 신고 사항

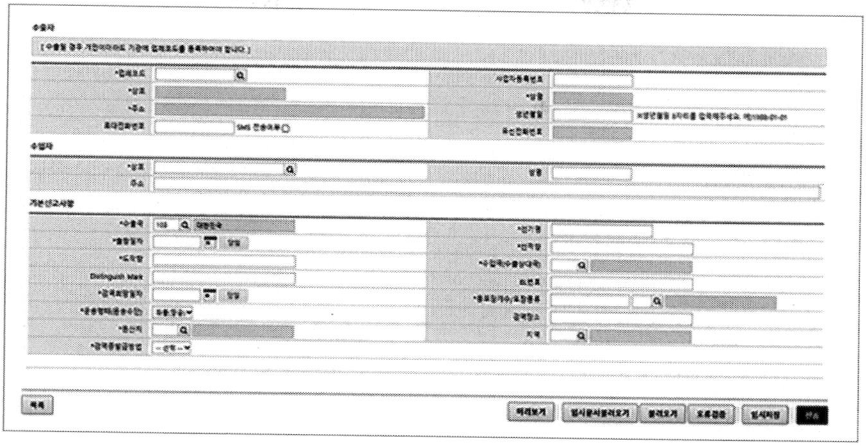

선명(선박명) 등을 모르시는 경우가 있는데 정확하게 기재하지 않으셔도 괜찮으며, 입력란에 항공의 경우 AIR, 선박의 경우 VESSEL로 표기하셔도 됩니다.

4. 수출 식물 검역 신청서 품목 사항 화면

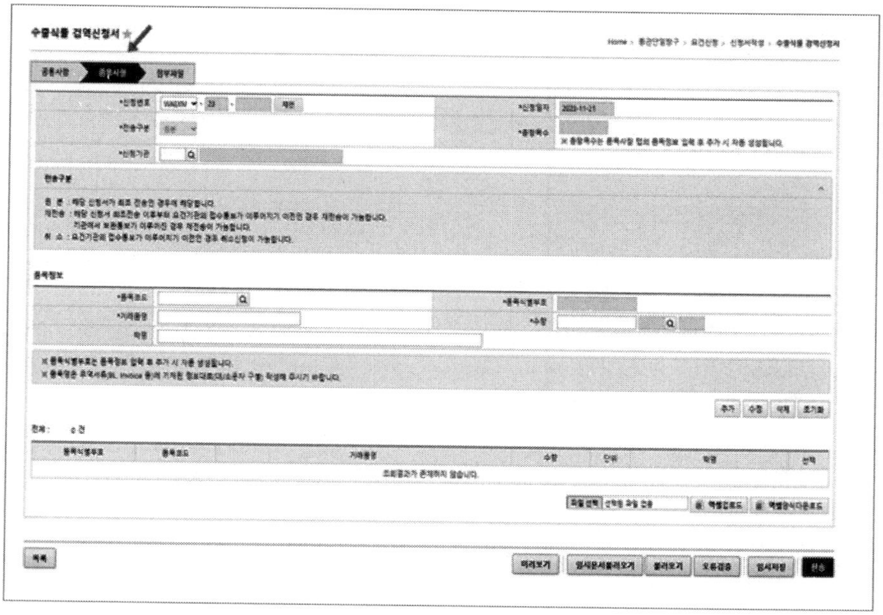

(1) 품목 코드

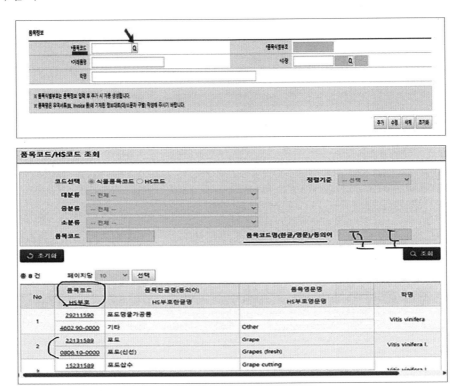

- 품목 코드명에 포도 검색 → 포도를 선택하면 아래의 화면이 자동 생성됩니다.

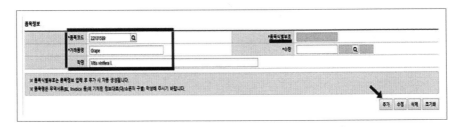

(2) 품목식별부호

- 품목식별부호는 추가 시 자동 생성됩니다.

(3) 품목 추가 시

- 예를 들어 샤인머스캣과 사과를 함께 신고한다면, 추가 버튼을 선택 후 추가하
  시면 됩니다.

5. 첨부 파일 화면

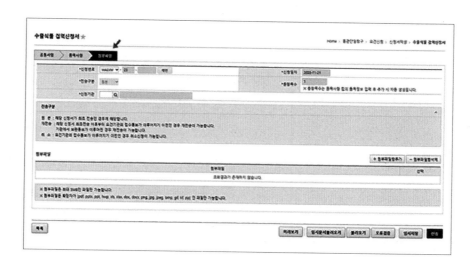

- 수출 식물 검역 관련 서류 또는 Packing List, 현품 사진 등 무역 관련 서류 첨부
  가 필요한 경우 첨부하시면 됩니다.

11) APQA 식물 검역

이제 수출 식물 검역 신청을 완료하였습니다. APQA 식물 검역관은 수출 선과장에서 수출 검역을 실시하며, 수출 검역에 합격한 화물에 대해 아래 내용을 부기하여 식물검역증명서를 발급합니다.

* "The consignment of (품목명) fruit was produced and prepared for export in accordance with the conditions for import of (품목명) from Korea to Thailand." ("동(품목명) 생과실 화물은 한국산 (품목명) 생과실의 태국 수입 요건에 따라 수출용으로 생산되고 준비되었음.")

* 선박 화물인 경우에는 컨테이너 번호 및 봉인 번호를 부기합니다.

대한민국 농림축산식품부 농림축산검역본부
Republic of Korea
Ministry of Agriculture, Food and Rural Affairs Animal and Plant Quarantine Agency

수출식물검역증명서
PHYTOSANITARY CERTIFICATE

Animal and Plant Quarantine Agency of __Gwangju D.O.__   No: __41-23000126__

TO : The Plant Protection Organization of __Thailand__

화물정보 DESCRIPTION OF CONSIGNMENT

수출자 성명 및 주소 Name and address of exporter:

수하인 성명 및 주소 Declared name and address of consignee: __THAILAND__ _____ __CO LTD__
__BANGKOK BANGKOK BANGKOK THAILAND__

포장 종류 및 개수 Number and description of packages: __100 CT__

식별 마크 Distinguishing marks: __NIL__

수출국 Country of export: __Republic of Korea__

원산지 Place of origin: __Republic of Korea__

운송수단 Declared means of conveyance: __Air Cargo__

도착항 Declared point of entry: __BANGKOK AIR PORT__

품명 및 수량 Name of produce and quantity declared:
__Strawberry, 179,600 kg__

학명 Botanical name of Plants:
__Fragaria x ananassa__

위의 식물, 식물산물 또는 기타 규제물품은 적절한 공식 절차에 따라 검사 및/또는 시험되었고, 수입 체약당사국이 명기한 검역병해충이 없는 것으로 간주되며, 규제 비검역병해충에 대한 요건들을 포함한 수입체약당사국의 현행 식물위생 요건에 일치하는 것으로 간주됨을 증명함.
This is to certify that the plants, plant products or other regulated articles described herein have been inspected and/or tested according to appropriate official procedures and are considered to be free from the quarantine pests, including the regulated non-quarantine pests specified by the importing contracting party and to conform with the current phytosanitary requirements of the importing contracting party.

부기사항 ADDITIONAL DECLARATION

The consignment of strawberry fruit was produced and prepared for export in accordance with the conditions for import of strawberry from Korea to Thailand.

소독사항 DISINFESTATION AND/OR DISINFECTION TREATMENT

소독일시 Date: __NIL__   소독방법 Treatment: __NIL__

약제명 Chemical(active ingredient): __NIL__   기간 및 온도 Duration and temperature: __NIL__

약제농도 Concentration: __NIL__   부기사항 Additional information: __NIL__

발급기관 Place of issue: __GWANGJU, KOREA__

식물검역관 Name of authorized officer: _____

발급일자 Date: __February . 07. 2023__   (서명, S____

※ No financial liability with respect to this certificate shall attach to the Animal and Plant Quarantine Agency or to any of its officers or representatives. (이 증명서와 관련하여 농림축산검역본부 또는 소속 검역관 또는 대표자에게 어떠한 재정적 책임이 부과되지 아니한다.)

수출식물검역증명서 샘플

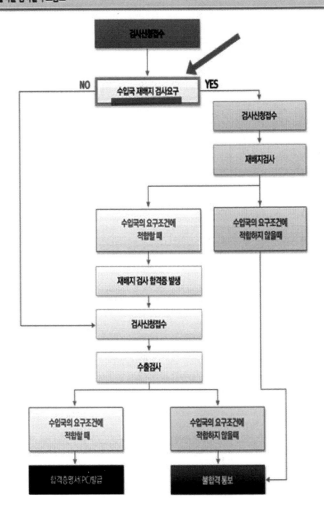

□ 수출식물 검역절차 흐름도

검사신청접수

수입국 재배지 검사요구
NO / YES

검사신청접수

재배지검사

수입국의 요구조건에 적합할때 / 수입국의 요구조건에 적합하지 않을때

재배지 검사 합격증 발생

검사신청접수

수출검사

수입국의 요구조건에 적합할 때 / 수입국의 요구조건에 적합하지 않을때

합격증명서(PC)발급 / 불합격 통보

▶담당부서 : 식물검역부 수출지원과　▶전화번호 : 054) 912-0625

자료: 농림축산검역본부 홈페이지(www.qia.go.kr), 2023. 11. 21. 캡처

12) 수입국의 재배지 검사 요구

수입국의 검역 요건에 따라 재배지 검역이 필요한 경우, 수출 단지 대표자는 수입국의 검역 요건에서 정한 기한까지 수출 단지 재배지 검역 신청서(아래 서식)를 작성하여 지역본부장 또는 사무소장에게 제출(인터넷을 통한 신청 포함)하여야 합니다. 재배지 검역 결과 적합한 경우, 재배지 검역 합격증명서가 발급되고, 수출 식물 검역을 받고자 할 때 기존에 발급받은 재배지 검역 합격 증명서를 첨부하여 신청하시면 됩니다.

수출 검역 단지 재배지 검역 신청서

대 표 자	성 명		연락처	
	주 소			

수출 단지명 (지정 번호)		품 목	
수 출 국		재배지 검역 희망 기간	
재배지 검역 신청 농가수(호)		재배 면적(㎡)	

「수출검역단지 지정 및 관리요령」(농림축산검역본부고시)에 따라 (수출검역단지명)에 대한 재배지 검역을 신청합니다.

년   월   일

신청인(수출 단지 대표자)   (서명 또는 인)

농림축산검역본부   ○○ 지역본부장·사무소장 귀하

첨부 서류: (별지 제6호 서식) 국가별 수출 참여 농가 목록 1부

210㎜×297㎜[백상지(80g/㎡) 또는 중질지(80g/㎡)]

02

수출 신고
(세관)

이제 박신영 대표는 태국 수출을 위해 양국이 상호 협정한 한국산 생과실 8종에 관한 수출 전 사전 요건 준비부터 최종 수출 식물 검역까지 마침내 완료하였고, 세관에 수출 신고만을 남겨두었습니다만, 마지막 준비 서류 하나가 또 남았습니다. 바로 태국 수입자가 한-아세안 FTA, 또는 역내포괄적경제동반자협정(RCEP)에 의한 특혜 관세를 적용받게 하기 위해 박신영 대표는 원산지 증명서를 발급해야 합니다. 하지만 선적이 완료된 후 발생하는 업무들인 원산지증명서(FORM AK, FORM RCEP) 발급, 세관 수출 신고 등 세관 관련 업무들은 관세사에 의뢰해서 처리하시면 됩니다.

아세안회원국과의 협정에 따른 원산지증명서의 서식

(앞쪽)

Original(Duplicate/Triplicate)

1. Goods Consigned from(Exporter's business name, address, country)	Reference No. **KOREA-ASEAN FREE TRADE AREA PREFERENTIAL TARIFF CERTIFICATE OF ORIGIN** (Combined Declaration and Certificate) FORM AK Issued in _____ (country) See Notes Overleaf
2. Goods Consigned to(Consignee's name, address, country)	
3. Means of transport and route(as far as known) Departure date: Vessel's name/Aircraft etc.: Port of Discharge	4. For Official Use ☐ Preferential Treatment Given Under KOREA-ASEAN Free Trade Area Preferential Tariff _____ ☐ Preferential Treatment Not Given (Please state reason/s) _____ _____ Signature of Authorised Signatory of the Importing Country

5. Item number	6. Marks and numbers on packages	7. Number and type of packages, description of goods(including quantity where appropriate and HS number of the importing country)	8. Origin Criterion (See Notes overleaf)	9. Gross weight or other quantity and Value (FOB only when RVC criterion is used)	10. Number and date of Invoices

11. Declaration by the exporter The undersigned hereby declares that the above details and statement are correct; that all goods were produced in .... (Country) and that they comply with the origin requirements specified for these goods in the KOREA-ASEAN Free Trade Area Preferential Tariff for the goods exported to .... (Importing Country) .... Place and date, signature of authorised signatory	12. Certification It is hereby certified, on the basis of control carried out, that the declaration by the exporter is correct .... Place and date, signature and stamp of certifying authority

13. ☐ Third Country Invoicing   ☐ Exhibition   ☐ Back-to-Back CO

210mm×297mm[백상지 80g/㎡(재활용품)]

FORM AK 샘플

Original

1. Goods consigned from (Exporter's name, address and country) **REPUBLIC OF KOREA** Republic of Korea	Certificate No. CO _ _ _ 9440 Reference Code. u_ _ . Form RCEP
2. Goods consigned to (Importer's/Consignee's name, address, country) **CO LTD** **96/1 Moo 1 Bankok Chaturat Chaiyaphum, THAILAND** **Thailand**	**REGIONAL COMPREHENSIVE ECONOMIC PARTNERSHIP AGREEMENT** **CERTIFICATE OF ORIGIN** Issued in _____ Korea _____ (Country)
3. Producer's name, address and country (if known) **CONFIDENTIAL**	5. For Official Use Preferential Treatment: ☐ Given ☐ Not Given (Please state reason/s)
4. Means of transport and route (if known) Departure date : OCT. 11, 2023 Vessel's name/Aircraft flight number etc : PANCC _ _ _ _ _ _ _ _ Port of Discharge : Bangkok, Thailand	Signature of Authorised Signatory of the Customs Authority of the Importing Country

6. Item number	7. Marks and numbers on packages	8. Number and kind of package; and description of goods	9. HS Code of the goods (6 digit-level)	10. Origin Conferring Criterion	11. RCEP Country of Origin	12. Quantity (Gross weight or other measurement), and value (FOB) where RVC is applied	13. Invoice number(s) and date of invoice(s)
1	////////////	SHINE MUSCAT SHINE MUSCAT //////////////////	080610 //////////////	WO //////////	Korea /////////	_ _ _ (KG) 2023-10-06 . 30 OCT 06, 2023 ///////////////////	2023-10-06 OCT 06, 2023 ////////////////

14. Remarks

| 15. Declaration by the exporter or producer

The undersigned hereby declares that the above details and statements are correct and that the goods covered in this Certificate comply with the requirements specified for these goods in the Regional Comprehensive Economic Partnership Agreement. These goods are exported to:

Thailand
....
(importing country)

JEOLLANAM-DO, Republic of Korea, OCT 13,2023
....
Place and date, and signature of authorised signatory | 16. Certification

On the basis of control carried out, it is hereby certified that the information herein is correct and that the goods described comply with the origin requirements specified in the Regional Comprehensive Economic Partnership Agreement.

OCT 13,2023 SEOUL MAIN CUSTOMS REPUBLIC OF KOREA
....
Place and date, signature and seal or stamp of Issuing Body |

17.   ☐ **Back-to-back Certificate of Origin**   ☐ Third-party invoicing   ☑ **ISSUED RETROACTIVELY**

※ You can verify the authenticity of this Certificate of Origin at   www.customs.go.kr/co.html

FORM RECP 샘플

USD1,338.7
USD1,338.7

UNI·PASS

수출신고필증(적재전, 갑지)

※ 처리기간 : 즉시

①신고자		⑤신고번호	⑥세관과	⑦신고일자 2023-10-05	⑧신고구분 H 일반P/L신고	⑨C/S구분 P

②수출대행자		거래구분 11 일반형태	종류 A 일반수출	결제방법 TT 단순송금방식
(통관고유부호)	수출자구분 C	목적국 TH THAILND	적재항 KRKAN 광양항	선박회사 (항공사)
수 출 화 주		선박명(항공편명)	출항예정일자	적재예정보세구역 06277033
(통관고유부호)		운송형태 10 FC	검사희망일 2023/10/05	
(주소)		물품소재지		
(대표자)	(소재지)			
(사업자등록번호)		L/C번호	물품상태 N	
③제 조 자 (주)		사전임시개청통보여부 N	반송 사유	
(통관고유부호)		환급신청인 2 (1:수출대행자/수출화주, 2:제조자)		
제조장소	산업단지부호	자동간이정액환급 NO		
④구 매 자 CO LTD				
(구매자부호) T				

⑤품명·규격 (란번호/총란수 : 001/001)		
품 명 SHINE MUSCAT	상표명	
거래품명 SHINE MUSCAT		

모델·규격	성분	수량(단위)	단가(USD)	금액(USD)
(NO.01) SHINE MUSCAT		(BOX)		

세번부호 0806.10-0000	순중량 0 (KG)	수량 0	신고가격(FOB) $ 336 W 803
송품장부호 2023-10-06	수입신고번호	원산지 KR-Y	포장갯수(종류) 800(CT)

수출요건확인 (발급서류명)			
총중량 (KG)	총포장갯수 0(CT)	총신고가격 (FOB)	$ 35 W 803
운임(W) 76	보험료(W) 0	결제금액	CFR-USD- 0
수입화물 관리번호		컨테이너번호	N

신고인기재란	세관기재란
	'20.7.1일부터 중소기업의 컨테이너... 검사비용을 지원하고 있으니, 지원 대상여부를... 신청하시기 바랍니다. (unipass.customs.go.kr)

운송(신고인)	기간 부터 까지	적재의무기한 2023/11/06	담당자	신고수리일자 2023/10/05

발 행 번 호 : 2023455347407(2023.10.06)

Page : 1/1

(1) 수출신고수리일로부터 30일내에 적재하지 아니한 때에는 수출신고수리가 취소됨과 아울러 과태료가 부과될 수 있으므로 적재사실을 확인하시기 바랍니다.
(관세법 제251조, 제277조) 또한 휴대탁송 반출시는 반드시 출국심사(부두,초소,공항) 세관공무원에게 제시하여 확인을 받으시기 바랍니다.
(2) 수출신고필증의 진위여부는 수출입통관정보시스템에 조회하여 확인하시기 바랍니다.(http://unipass.customs.go.kr)

* 본 신고필증은 전자문서(PDF파일)로 발급된 신고필증입니다.
* 출력된 신고필증의 진본여부 확인은 전자문서의 '시점확인필' 스탬프를 클릭하여 확인할 수 있습니다.

수출신고필증 샘플

03.

태국 통관 및 검역 제도[7]

수입국 통관 관련 업무는 현지 바이어의 영역이지만 통관 문제 발생 시 수출자 역시 책임 소재 부분에서 다툼의 여지가 있을 수 있으니 미리 확인해 두는 것이 좋습니다.

---

[7] 2022년 한눈에 보이는 국가별 농식품 수출교역조건현황, 태국편 p. 234 한국농수산식품유통공사, 2023. 7.

1) 통관제도

① 수입 허가(Import Licence)가 있는 수입업자는 해당 식품을 수입 전 태국 식품의
약청에 등록(Product Registration)을 해야 합니다.
   - 수입 식품은 □특별 통제 식품 □표준 식품 □표준 라벨 부착 식품 □일반 식
   품으로 분류됩니다.

② 태국 농식품 수입 통관 절차는 수입 신고 → 관세 납부 → 검사 및 검역 → 반
출 순으로 진행됩니다.

2) 신선과채류 수입 시 잔류 농약

① 신선과채류 수입 시 잔류 농약 성분 분석표

생산 국가의 인증받은 검사기관[8]에서 발급한 COA(Certificate of Analysis, 잔류 농약 성분에 대한 분석표) 미 제출시 고위험군, 위험군, 저위험군 품목으로 구분하여 샘플 검사(잔류 농약 성분)를 합니다.

② 포도, 딸기, 감귤은 저위험군

고위험군 품목(Very High Risk)

1. 샘플 채취 후 수입사에 전달 → 수입사는 태국 정부 실험실, 정부 지정 실험실 또는 ISO/IEC 17025 인증 검사 기관을 통해 검사(비용은 수입업체 부담)
2. 샘플 검사를 원하지 않을 시, 각주 8의 기관에서 발급한 COA 제출

3. COA 미제출 시, 태국 FDA 샘플 검사

---

8 수출국 정부 기관 또는 정부 지정 기관, ISO/IEC 17025 인증 검사기관

위험군 품목(High Risk)

1. 검사 빈도를 높인 무작위 샘플 검사(태국 FDA 비용 부담)

2. 샘플 검사를 원하지 않을 시, 품목별 지정 성분에 한해 각주 8의 기관에서 발급한 COA 제출

3. COA 미제출 시 선 통관 후 태국 FDA 샘플 검사 결과 잔류 농약 초과 검출 시 고위험군 품목으로 관리, 해당 제품은 회수 및 폐기 처리, 또한 관련 법령 위반에 따른 법적 조치 가능

저위험군 품목(Low Risk)

1. 선 통관은 되나 COA 미제출 시, 무작위 샘플 검사(GT-Pesticide Test kit 및 GPO-TM/2Kit 활용 기본 검사 실시)

2. 검사 키트 양성 반응 시, 정부 실험실에서 정밀 검사 실시

3. 정밀 검사 양성 판정 시, 고위험군 품목으로 관리

3) 검역 제도

① 태국 식물검역법은 수입 식물 검역 시, 금지, 제한, 비 규제 품목 등으로 구분하여 관리하며 원산지 국가별로도 관리하는 품목이 상이합니다.

② 태국으로 수출 가능한 신선 농산물로는 7개 품목 60여 개 종이 있습니다.
- 곡류, 과실류, 채소류 등 7개 품목의 수출 가능 여부 파악 및 요건 충족 후 수출이 가능 합니다.
- 태국은 2007년 7월부터 병해충위험분석(PRA) 제도를 도입 및 시행하여 생과실, 과채류, 재식용 식물을 수입금지품으로 지정 하였습니다.
- 이 중 검역 협상을 통해 사과, 배, 딸기, 포도, 감, 복숭아, 참외(멜론), 감귤이 조건부 수출 가능 품목에 포함되었습니다.

ITEM NAME	SHINE MUSCAT
ORIGIN	KOREA
IMPORTER	CO.,LTD
EXPORTER	
GROWER NO.	GRAPE-
PACKING HOUSE NO.	GRAPE-
QUANTITY	2kg
FOR THAILAND	

라벨 샘플

필자(앞줄 왼쪽에서 3번째)

농산물 수출입 실무 무작정 따라 하기

필자(왼쪽 첫 번째)

태국산 망고를 수입하는
SY농산

본 장의 내용에 인용한 규정과 자료 등은 아래와 같습니다.
*식물방역법 [시행 2020.3.11.] [법률 제16784호, 2019.12.10., 일부 개정]
*수입 금지 식물 중 태국산 망고 생과실의 수입 금지 제외 기준 [시행 2020.12.11.] [농림축산검역본부 고시 제2020-57호]
*수입 식물 검역 문답집 농림축산검역본부

과일 도매업을 부모님으로부터 이어받은 박신영 대표는 점점 소비자들의 다양해진 기호와 수요에 부응하기 위해 수입 과일 취급을 고려하였고, 최근에는 홍콩에서 개최된 국제 과일박람회인 'ASIA FRUIT LOGISTICA'도 다녀왔습니다.

 여러 수입 과일 중 바나나, 파인애플, 키위 등은 이미 유명 브랜드사의 몇몇 제품이 한국 시장을 거의 독점을 하고 있는 상황이라 경쟁이 어렵다고 판단되었습니다. 한국인들에게 인기가 있으면서도 SY농산에서 자신 있게 판매할 수 있는 몇몇 과일을 검토한 결과, 태국산 망고를 수입하는 것으로 결정했습니다.

 하지만 생과실류 수입은 수출 과수원이나 수출 선과장 등이 태국 DOA(농업부)에 등록 및 관리를 받아야 하고, 선적 전 증열 처리와 식물검역증명서 등 수출자로부터 확인해야 할 요건도 많고, 한국에 수입한 후에도 APQA(농림축산검역본부)의 식물검역과 식약청의 식품 검사도 이행해야 하는 등 까다로운 절차가 많다고 하여 걱정이 많습니다.

선적 전 확인 사항

1) 수입 가능한 태국산 망고 생과실의 품종이 있다고 하는데요?

네, 그렇습니다. 수출 가능한 태국산 망고의 품종은 Nang klarngwan, Nam Dork Mai, Rad 및 Mahachanok 종입니다.

2) 한국 수출을 위한 수출 과수원과 수출 선과장

SY농산의 박신영 대표는 수출 과수원 태국 DOA에 매년 등록이 되고 있는지, 또한 수출 선과장 역시 태국 DOA에 매년 등록되고 감독을 받는지 확인해야 합니다.

3) 망고 수입자는 한국 식약처에 해외 수출업소, 포장 장소(해외 제조업소) 등록을 해야 수입 신고가 가능하다고 하는데요?

농·임·수산물을 수입을 하려면 식품의약품안전처장에게 해외 수출업소와 포장 장소 등록을 하여야 식약청에 수입 신고를 할 수 있습니다. 농·임·수산물은 별도의 제조 공정이 없기 때문에 최종 제조 공정인 포장 장소가 제조업소가 됩니다.

망고 등 생과실류들은 저장 기간이 짧아 신속 통관이 매우 중요한데, 포장 장소(해외 제조업소) 등록을 하지 않고 입항 후 식약청 수입 식품 신고 시 인지하여 매우 난감한 경우를 겪는 경우도 있으니 유의하시기 바랍니다. 등록 신청 후 3일가량의 처리 시간이 소요됩니다.

참고를 위해 품목별로 구분을 한번 해 보겠습니다.
- 농·임·수산물: 해외 수출업소 등록, 포장 장소 등록(해외 제조업소)

해외 수출업소의 포장 장소가 여러 곳일 경우에는 포장 장소별로 등록
- 축산물: 해외 작업장 등록
- 수입 식품 등: 해외 제조업소 등록

만약 이미 한국의 다른 사업자가 해당 수출업소를 먼저 등록을 하였다면 박신영 대표는 할 필요가 없습니다. 그러면 실제 해외 수출업소 등록과 포장 장소 등록을 어떻게 해야 하는지 자세하게 확인해 보겠습니다.

4) 해외 수출업소 등록 여부 확인하기[10]

수입식품정보마루 홈페이지(www.impfood.mfds.go.kr)를 검색해 주세요.

---

10 *수입식품안전관리특별법 [시행 2023. 9. 14.][법률 제19471호, 2023. 6. 13., 일부 개정] 제20조

*수입식품안전관리 특별법 시행 규칙 [시행 2024. 2. 17.][총리령 제1918호, 2023. 12. 1., 일부 개정] 제27조 제1항

*알기 쉬운 해외 수출업소 안내서, 수입식품정보마루(www.impfood.mfds.go.kr)

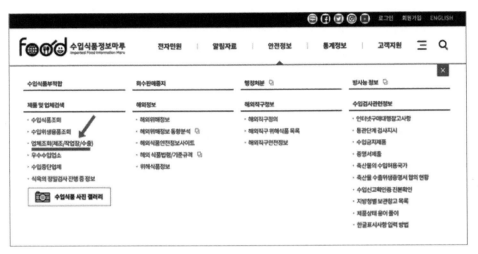

해당 수출업소는 한국의 다른 수입업소가 이미 등록을 하였기 때문에 박신영 대표는 해당 코드를 그대로 사용하시면 됩니다.

하지만 신규 업체일 경우 등록을 해야 하니 등록 과정을 알아보겠습니다.

5) 해외 수출업소 등록하기

수입식품정보마루 홈페이지(www.impfood.mfds.go.kr) 검색 후 회원 가입을 해 주세요.

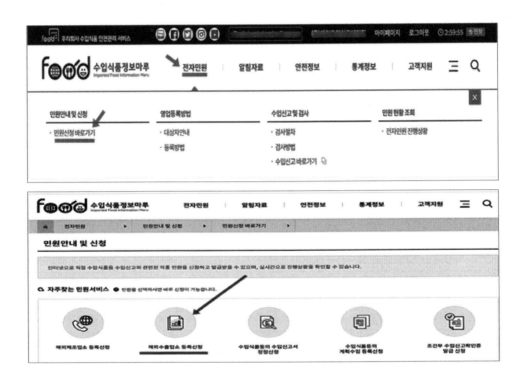

또는, 아래 화면의 해외 수출업소 등록 신청을 선택해 주세요.

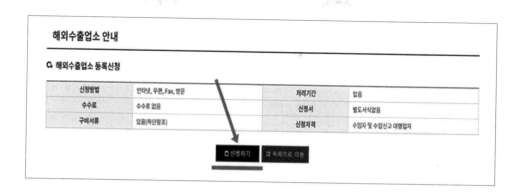

필요 서류: B/L

6) 해외 제조업소(포장 업소) 등록 여부 확인하기[11]

수입식품정보마루 홈페이지(www.impfood.mfds.go.kr)를 검색해 주세요.

---

11 *수입식품안전관리특별법 [시행 2023. 9. 14.] [법률 제19471호, 2023. 6. 13., 일부 개정]

*수입식품안전관리 특별법 시행규칙 [시행 2024. 2. 17.] [총리령 제1918호, 2023. 12. 1., 일부 개정]

*알기 쉬운 해외 제조업소 안내서, 수입식품정보마루(www.impfood.mfds.go.kr)

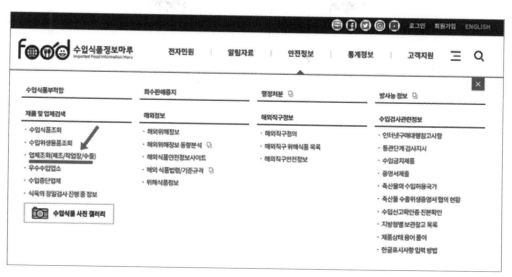

해당 제조업소는 한국의 다른 수입업소가 이미 등록을 하였기 때문에 박신영 대표는 다시 등록을 할 필요가 없습니다.

하지만 신규 업체일 경우 등록을 해야 하니 등록 과정을 알아보겠습니다.

7) 해외 제조업소 등록하기

수입식품정보마루 홈페이지(www.impfood.mfds.go.kr)를 검색하여 회원 가입을 해 주세요.

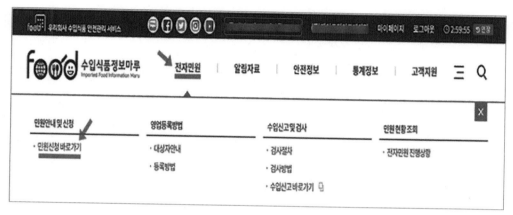

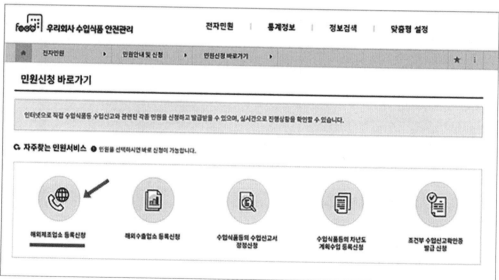

또는, 아래 화면의 해외 제조업소 등록 신청을 선택해 주세요.

10	식품	서식제품 제조용 원료성 증명연장 승인 신청	수입신고 기관	7일	신청하기
11	식품	조건부 수입신고확인증 발급물품 보관 계획 신청	수입신고 기관	·	신청하기
12	식품	포장지 사용 연장 신청	수입신고 기관	·	신청하기
13	식품	해외수출업소 등록신청	수입신고 기관	·	신청하기
14	식품	해외수출업소 변경신청	수입신고 기관	·	신청하기
15	식품	해외제조업소경신등록신청	식품안전정보원	3일	신청하기
16	식품	해외제조업소등록신청	식품안전정보원	3일	신청하기
17	식품	해외제조업소변경등록신청	식품안전정보원	3일	신청하기
18	공통	잔여검체 반환 신청	수입신고 기관	·	신청하기
19	위생용품	수입위생용품 국외수출업소 등록신청	소비자위해예방국 위생용품정책과	·	신청하기
20	위생용품	수입위생용품 국외수출업소 변경신청	소비자위해예방국 위생용품정책과		신청하기

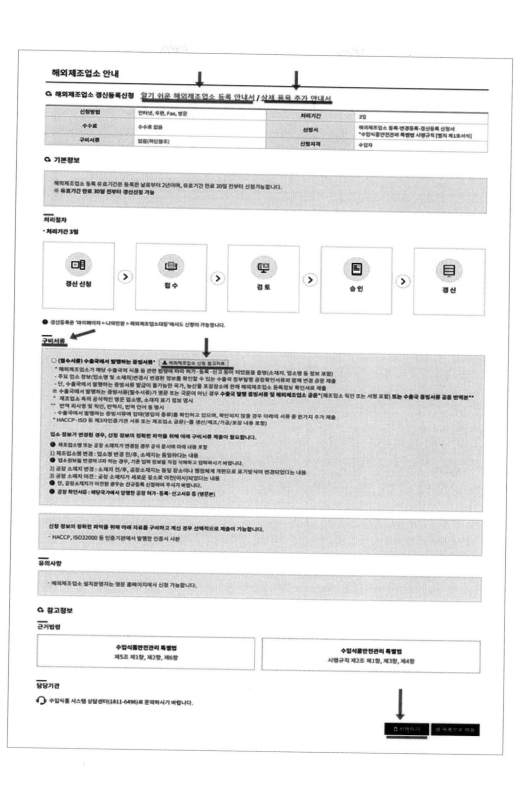

알기 쉬운 해외 제조업소 등록 안내서와 상세 품목 안내서를 선택해서 작성 방법을 학습하시면서 신청서를 작성하시면 됩니다.

지능형 수입식품 통합시스템
해외제조업소 품목추가 사용자 매뉴얼

구비 서류의 해외 제조업소 등록 정보 확인서 작성 시, 참고 자료를 통해 내용을 숙지해 주세요.

해외제조업소 동의서 작성 시 참고자료

※ 해외제조업소 동의서는 **실제 제품을 제조·가공하는 제조업소**에서 작성하여야 합니다.

※ 모든 내용은 **영문**으로 작성되어야 하며, **해외제조업소 직인 또는 서명**이 포함되어야 합니다.

해외제조업소 등록정보 확인서

해외제조업소 동의서

A CONFIRMATION FORM OF REGISTERED INFORMATION

-Agreement form of foreign food facility-

• According to Article 5 of the Special Act on Imported Food Safety Control, a person who intend to import food, etc. i... food shall register his... Safety before he/she...

• The period of valid... of such registration. T...

• If the registration i... an inappropriate way... refused to be importe...

설명 INSTRUCTIONS

• 수입식품안전관리 특별법, 제5조에 따라 수입식품 등을 국내로 수입하려는 자 또는 해외제조업소의 설치·운영자는 수입신고 전까지 제품을 생산·제조·가공·처리·포장·보관 등을 하는 업소를 해외제조업소로 등록하여야 합니다.

• 해외제조업소 등록의 유효기간은 등록한 날부터 2년이며, 유효기간이 만료하기 7일전까지 갱신등록 신청하여야 합니다.

• 해외제조업소를 거짓이나 부정한 방법으로 등록한 경우 등록이 취소되고 수입신고가 거부될 수 있습니다.

• 성공적인 등록을 위해, 제조업소는 등록 요구사항을 충족하는 정보와 MFDS의 실사가 필요하다는 것을 동의하며 importer에게 제공하여야 합니다.

• 이 네는 해당되는 곳에 v표를 합니다.

• For successful registration, manufacturers shall fill out this form to satisfy the reg   istration requirements, have the agreement of MFDS inspection and thereby inform *importer* of all of the 수입자(업체명) information and the agreement.

CONFIRMATION FORM OF REGISTERED INFORMATION
-Agreement form of foreign food facility-

INSTRUCTIONS	• According to Article 5 of the Special Act on Imported Food Safety Control, a person who intends to import food, etc., into the Republic of Korea or a person who establishes and operates a foreign food facility shall register the foreign food facility with the Minister of Food and Drug Safety before he/she files an import declaration. • The period of validity of registration of a foreign food facility shall be two years from the date of such registration. The registration shall be renewed at least seven days prior to expiration. • If the registration is found to have fraudulent information or the facility has been registered in an inappropriate way, the registration may be revoked and products from the facility may be refused to be imported to Korea. • For successful registration, manufacturers shall fill out this form to satisfy the registration requirements, have the agreement of MFDS inspection and thereby inform _importer_ of all of the information and the agreement. • Please mark √ in [ ] if applicable. ☞ If you already have the confirmation number for your facility assigned by MFDS, please inform importer.

TYPE OF REGISTRATION	[ ] Initial registration [ ] Update of registered information [ ] Renewal of registration
	Facility Registration Number * If update or renewal of registration, provide MFDS Facility Registration Number

FACILITY INFORMATION	• Name of Facility :	• Representative :
	• Address : * Please enter the full address of the facility	
	• City :	• State :
	• Zip Code :	* If applicable; if not, skip to Province/Territory
	• Country :	• Contact Name :
	• E-mail :	• Fax number :
	• Phone number(*include area/country code) :	• Cell phone, _Optional_ :

TYPE OF CATEGORY	[ ] Agricultural products	[ ] Processed foods
	[ ] Food additives	[ ] Apparatus, or containers and packages
	[ ] Fishery products	[ ] Functional health foods

FOOD SAFETY MANAGEMENT SYSTEM * Application to the food, if applicable.	[ ] No [ ] Yes ※ If "Yes", check as applicable or specify the system [ ] HACCP [ ] ISO 22000 [ ] Other ( ) ※ Whether certified by a certification body [ ] No [ ] Yes ※ If "Yes", provide the following information
	Title of certification : Certification body : Certification date : MM-DD-YYYY Expiration date : MM-DD-YYYY

[ ] The person who establishes and operates the foreign food facility concerned agrees that if the Minister of Food and Drug Safety deems it necessary, he/she may visit and inspect the foreign food facility.
[ ] The applicant certifies that the above information is true and accurate.
[ ] The person who establishes and operates the foreign food facility concerned has checked and agreed on the above registration (update of registered information, or renewal of registration)

Company Name :   Date : MM-DD-YYYY

Name & Title :

I hereby certify that the above information is complete and true _____ (Signature)

※ _Manufactures have to report any changes in the information immediately to importer._

※ _Once the facility has been registered to MFDS, any importers can use the registration number of the facility without additional registration._

제조업소 등록 정보 확인서 양식

ສຳນັກງານຄณະกรรมการอาหารและยา

Food and Drug Administration

CERTIFICATE OF MANUFACTURER

Ref. No. 1-4-05-05-22-00009   5 January 2022

It is hereby certified that the food manufacturer, listed herein, in compliance with the Food Act 1979 of Thailand.

Sangthai Vatana Ltd., Part.
Manufacturing License Number 10-1-22934

located at 51, Somdejprachaotaksin 44 (Soi Somthavil), Somdejprachaotaksin Road, Dao Khanong, Thon Buri, Bangkok, Thailand. The above factory is authorized to produce chewing gum and candy for sale for human consumption.

valid until   4 January 2023

(Mrs. Nattha Narongid)
Food and Drug Technical Officer,
Senior Professional Level
Acting for Secretary-General
Food and Drug Administration

Food Division, Tiwanon Road, Nonthaburi 11000, Thailand
Telephone (662) 590-7177, Telefax (662) 590-7177

태국 공장 등록증 샘플

아래 내용 입력 후 '신청하기'를 선택해 주세요.

8) 망고 생과실류에 할당 관세가 적용되다

　박신영 대표는 태국 수출자와 박스 입수에 따른 경쟁력 있는 망고 가격을 받았고, 태국산 망고의 물류비를 제외한 대략적인 원가를 확인하고자 관세사에 태국산 망고의 관세율 확인을 요청하였습니다.

　그런데 관세사에서 ○○년 ○○월 ○○일까지 망고 생과실류 1,300톤에 대한 할당 관세(0%)가 적용된다는 정보를 받았습니다. 기간 내 1,300톤이 소진되기 전에 선적 완료가 되면 배정받은 물량만큼 할당 관세 적용을 받을 수 있는 좋은 기회가 왔습니다.

세율 및 수출입요건					
품목번호	0804.50-2000		중량단위	KG	수량단위
품명	국문	망고(mango)			
	영문	Mangoes			
	작성예시	MANGOES [작성기준]			
원산지	원산지표시대상(Y) [표시방법]				
관세	기본관세(A): 30% WTO협정관세(C): 45% 할당관세(P1): 0% (2023-08-25~2023-12-31)				[적용순서]
FTA	유럽	영국(FGB1): 0% EU(FEU1): 0% 터키(FTR1): 30% 이스라엘(FIL1): 21.4%			
	아시아	중국(FCN1): 12% 인도(FIN1): 15% 아세안(FAS1): 24% 베트남(FVN1): 3% 캄보디아(FKH1): 24% 호주(FAU1): 0% 뉴질랜드(FNZ1): 30%			
	RCEP				
	아메리카	캐나다(FCA1): 3% 미국(FUS1): 0% 코스타리카(FCECR1): 8.5% 엘살바도르(FCESV1): 12.8% 온두라스(FCEHN1): 20.6% 니카라과(FCENI1): 8.5% 파나마(FCEPA1): 24.3% 콜롬비아(FCO1): 0% 페루(FPE1): 0%			
감면·환급					
내국세	부가세: 면세(미가공식료품) [규격] 대추야자·무화과·파인애플·아보카도(avocado)·구아바(guava)·망고(mango)·망고스틴(mangosteen)(신선하거나 건조한 것으로 한정한다) [감면부호] K020104				

참고 자료: www.clhs.co.kr 캡처, 2023.12.2.

9) 전자입찰시스템(aTBid) 가입은 어떻게 하나요?

할당 관세 물량을 배정받기 위해선 먼저 한국농수산식품유통공사(aT)의 비축 농산물 전자입찰시스템(aT Bid)에 가입을 해야 합니다. (www.atbid.co.kr).

① 비축 농산물 전자입찰시스템(aT Bid) 신규 가입 신청과 배정 공고 확인하기

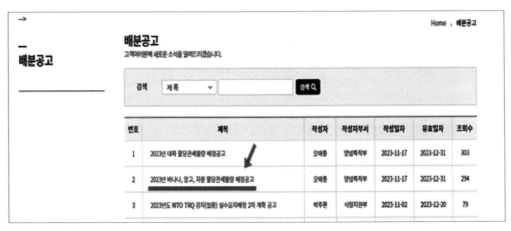

공고 내용 확인과 첨부 파일 등을 통해 신규 가입 신청서 등 각종 서식을 확인합니다.

② 담당 부서에 전화하여 신규 가입 신청서 외 제출 서류 확인하기

통상적으로 신규 가입 시 필요한 서류는 아래와 같습니다.
- 신규 가입 신청서
- 영업등록증
- 사업자등록증명원

비축농산물 전자입찰시스템(aTBid) 신규가입 신청서
(실수요자배정·수입권배분)

업 체 명			
주 소			
대 표 자		대표자 생년월일	
사업자등록번호			
법인등록번호			
전 화 번 호		팩 스 번 호	
담 당 자		핸드폰 번호	
이 메 일		관 심 품 목	

　　실수요자배정 및 수입권배분을 위한 비축농산물 전자입찰시스템(aTBid)
신규가입을 신청합니다.

붙임서류 1. 사업자등록증명원 1부(세무서 또는 홈택스에서 발급 가능)
　　　　　2. 영업등록증 1부(법인사업자에 한함, 대표자 생년월일 확인용)

20 ． ． ．

신 청 인 　　　　　(인 또는 서명)

한국농수산식품유통공사 사장 귀하

＊ 제출처 : sesame@at.or.kr

③ 서류 제출 완료 후에는 어떤 절차가 필요한가요?

1. 서류 제출이 완료되면 aTbid 계정이 생성되고 ID와 비밀번호가 이메일로 송부됩니다.

2. 가까운 한국농수산식품유통공사(aT) 지역 본부를 방문하여 인증서 등록을 합니다.

3. 통상적인 인증서 발급 서류는 아래와 같습니다. 자세한 건 해당 지역본부에 전화로 문의해서 확인하시기 바랍니다.
   - 사업자등록증 사본 1부
   - 법인인감증명서 원본 1부
   - 인감 도장
   - 대표자 신분증(대리인 방문 시 대리인 신분증)

④ aTBid 인증서 등록은 어떻게 하나요?

2.

임시 아이디로 로그인 한 경우, 아이디와 패스워드를 사용하실 아이디와 패스워드로 변경

팝업창 미조회 시 도구(Alt+X)>인터넷
옵션>개인정보>팝업 차단 사용 체크 해제

3.

인증서 발급을 위해 메인 화면 우측 측면의 '전용 인증서 신규 발급'을 선택합니다.

4.

인증서 발급을 위해서 '참조 번호'와 '인가코드'를 입력하라는 안내창이 뜨면, 공매 등록 시 관할 본부로부터 발급받은 '인증서 등록확인서'의 참조 번호와 인가코드 를 입력합니다.

참조 번호와 인가코드를 입력하고 나서 발급 비용을 결제합니다.

- 비축물자 입찰용 인증서(실버): 11,000원/할당 관세 배정 신청 해당
- 수입권 공매/외자 구매 입찰 증명서(범용(플래티넘)): 66,000원

인증서 등록확인서

SignKorea 인증서를 신청해 주신데 대해 감사드립니다.
본 등록확인서에 기재된 개인정보가 정확한지 확인바랍니다.

아래의 참조번호와 인가코드는 귀하만이 알고있는 유일한 정보로서 인증서 발급 신청시 사용되는
중요한 정보이므로, 분실하거나 타인이 알지 못하도록 안전하게 관리하시기 바랍니다.

참조번호와 인가코드는 등록일자로부터 25일간 유효하므로, 기간 내에 발급을 완료하시기 바랍니다.
만약 25일이 지나면 신규발급절차에 따라 재 신청하셔야 합니다.

인증서는 SignKorea 홈페이지(http://www.signkorea.com)의 [인증서발급관리]로 들어오셔서
[인증서 발급] 버튼을 누르시고 이용약관을 읽어보시고 동의하신 후 아래의 참조번호와 인가코드를
입력하시면 절차에 따라 발급을 받으실 수 있습니다.

인증서 발급이 완료되면 아래의 참조번호와 인가코드는 더이상 사용할 수 없습니다.
감사합니다.

등록기관명	900 공공기관 1070 농수산물유통공사 1000 ABIS
가입자명	
주인(사업자)등록번호	
인증서 발급	sign-Silver-CB
신청구분	신규발급[v] 경신[ ] 재발급[ ] 정지[ ] 회복[ ] 폐지[ ]
참조번호	
인가코드	

5.

인증서 등록을 위해 메인 화면 우측 측면의 '공인인증서센터'를 선택합니다.

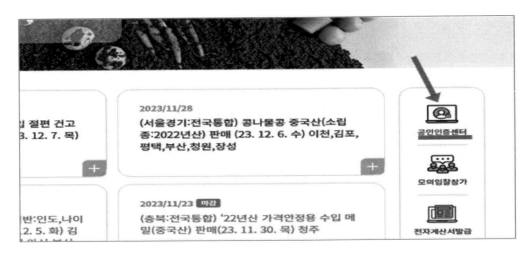

6.

인증서 등록창이 나오면 인증서 등록을 선택하고 인증서를 등록합니다.

공동인증서등록

공동인증서를 관리하실 수 있습니다.

■ 인증서 등록여부

인증서 등록여부를 확인해 드립니다.

인증서가 등록 되었습니다.

※ 인증서 경신, 기간만료 등으로 재발급 받으신 경우 반드시 기존 인증서를 취소하시고 새로 등록해 주시기 바랍니다.

인증서등록창이 나오면 "인증서 비밀번호"를 입력하고 확인을 클릭하면 인증서가 등록

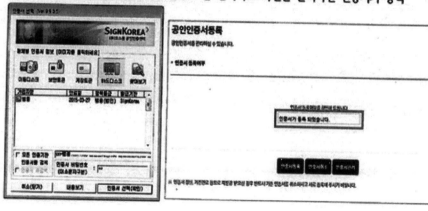

10) 할당 관세 물량 배정 신청은 어떻게 하나요?

① aTBid 인증서 로그인을 합니다.

② 나의 입찰 정보 → 수입권 배분 → 수입권 배분 신청을 선택합니다.

나의입찰정보

- 업체정보 >
  - 관심공고관리 >
  - 제재이력 >
  - 예외입찰신청 >
  - 공동인증서등록 >
- 참여입찰관리 >
  - 입찰서류제출 >
  - 나의낙찰관리 >
- 직배관리 >
- 수입권배분 >
- 수입추천서 >
- 이행실적확인 >
- 가상계좌 발급현황 >

업체정보

업체정보에 대해 알려드리겠습니다.

관리지사	본사	인증서등
업체명	주식회 이 트	사업자등
대표자명		주소
전화번호		휴대폰번3
입찰참가자격 갱신기한		

※ 연락처 변경은 관할 지역본부에 문의하시기 바랍니다.(
※ 반드시 연락 가능한 번호와 이메일 주소로 지정하시기

- 담당자리스트

도착지명	담당여부	성명	
			담

- 보증금현황

보증금구분		납부

수입권배분관리

수입권배분관리 페이지 입니다

신청일자 2023/11/05 ~ 2023/12/05 검색 Q

순번	배분게시번호	품목명	HS코드	배분성격	신청물량	승인물량	수입예정일

조회된 결과가 없습니다.

수입권배분신청

③ 수입권 배분 신청서 작성 → 신청을 선택합니다.

수입권 배분신청

◦ 신청업체정보

제목				
* 배분게시번호	[ ] 검색 🔍	신청업체명	[███████████]	
사업자등록번호	[███████]	대표자성명	[████]	전화번호 [████████]
주소	[████]	[██████████████]	[███████]	

◦ 신청내역

* 세번부호(HS)	[ ] 검색	* 품목	[ ]	* 수량	[ ] (KG)
* 수입예정일자	[ ]	* 용도	-선택- ∨	신청가능잔량	[ ] (KG)
* 원산지	-선택- ∨				
* 담당자 성명	[ ]	* 담당자 전화번호	[ ]	* 담당자 휴대폰번호	[ ]
* 담당자 이메일	[ ]				

※ 연락이 되지 않을 시 불이익을 받을 수 있으니 반드시 연락 가능한 번호와 이메일 주소 부탁드립니다.

배분성격	[ ]		
주지사항	[ ]		

배분 관련 이행각서 및 동의서	동의서 팝업	수입이행실적 정보제공 동의 팝업	
(필수)	☐	개인(기업)정보 제공 동의서 (필수)	☐
개인(기업)정보 수집 동의서 (필수)	☐	개인(기업)정보 이용 동의서 (필수)	☐

* 첨부파일 ※ 각 파일 사이즈는 10M 이하로 해주시기 바랍니다.

* 사업자등록증명원	파일 선택 선택된 파일 없음	
기타서류 (암축파일로 업로드 가능)	파일 선택 선택된 파일 없음	※ 파일 업로드 안될 시 암축하여 업로드해주시기 바랍니다.
첨부 3	파일 선택 선택된 파일 없음	
첨부 4	파일 선택 선택된 파일 없음	
첨부 5	파일 선택 선택된 파일 없음	
첨부 6	파일 선택 선택된 파일 없음	

2023.12.05

목록 신청

④ 수입권 배분 신청서에 첨부해야 할 서류들은 어떤 것들이 있을까요?

신청 서류들은 배분 공고 목록을 확인하시면 됩니다. 아래는 통상적인 신청 서류이며, 이러한 서류들이 대체로 사용된다고 보시면 되지만, 품목마다 필요 서류가 다를 수 있으니 실제 적용하실 때에는 배분 공고를 확인하시기 바랍니다.
- 사업자등록증명원 1부
- 영업등록증 사본 1부(영업의 종류: 수입 식품 등 수입·판매업 또는 식품 제조·가공업)
- 할당 관세 적용 계획서 1부
- 할당 관세 적용 추천 요령 준수 확약서 1부(인감 날인 필수)
- 자료 제출 동의서 1부
- 선적 서류(선하증권(B/L), 상업 송장(Invoice), 포장 명세서(Packing List)) 사본 각 1부

- 수입 대행 계약서 또는 B/L양수도 계약서(해당 업체의 경우에 한함) 사본 1부

  * 배분 신청 선적 서류와 추천 신청 선적 서류가 상이할 경우 배정이 취소됩니다.

  * 할당 관세 배정신청서 및 개인정보 수집, 이용에 대한 동의서 〈전산 입력 및 체크〉로 갈음됩니다.

  * 신청 서류 검토 후, 신청 후로부터 2 영업일 이내에 배정 승인이 됩니다.

참고로, 배분 신청은 선적 서류가 확보되면 입항 전이라도 미리 신청하실 수 있습니다. 다만 승인 여부는 입항이 확인되어야 가능합니다. 따라서 저장 기간이 짧은 신선 과실류 특성상 최대한 수입 통관 기간을 단축하려면 이 점을 유의하시기 바랍니다.

11) 배정 승인 후 드디어 추천 신청만 남았습니다 어떻게 할까요?

① aTBid 인증서 로그인을 합니다.

② 나의 입찰 정보 → 수입 추천서 → 수입 추천서 신청을 선택합니다.

    1.

2.

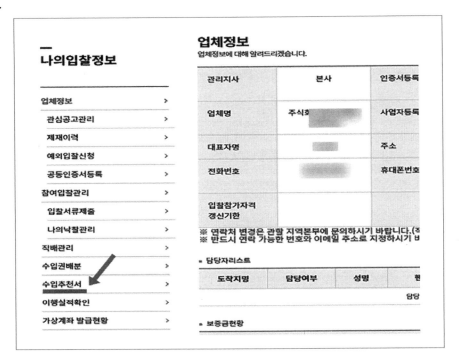

3.

배정 승인 확정이 되면 계약 번호가 생성됩니다.

③ 수입 추천서 작성 → 신청 → 신청서 발급 승인 → 수입 추천서 출력 버튼 활성화 →
출력을 합니다.

수입추천서신청

■ 신청업체정보

계약번호	[검색 🔍]	신청업체명			
사업자등록번호		대표자성명		전화번호	
팩스번호		담당자 휴대폰번호 (선택)	· 제외 입력	휴대폰번호 입력시 수입추천서 승인 및 반려 현황을 MMS로 받아보실 수 있습니다.	
주소	[검색 🔍]				

* 수입업체정보 [신청업체정보복사]

수입업체명		사업자등록번호		대표자성명	
전화번호		팩스번호		무역업등록번호	
주소	[검색 🔍]				

* 신청내역 [진성확인]

세번부호(HS)		품목		수량	(KG)
수입금액		화폐단위	-선택- ∨	원산지(공급자)	-선택- ∨
수입신고예정일		용도	-선택- ∨	판매처	-선택- ∨

B/L번호		보세구역반출 예정일		신청일	2023/12/05
수입조건	-선택- ✓	신청가능수량	(KG)		

▪ 공매납금 및 월당관세 수수료 가상계좌 신청

신청금액		원 (KRW)

▪ ※ 신청금액을 입금할 수 있는 가상계좌가 발급됩니다.
   ※ 가상계좌 발급내역은 신청이 완료된후 상세내역에서 확인하실 수 있습니다.

▪ 첨부파일
   ※ 각 파일 사이즈는 10M 이하로 해주시기 바랍니다.

* 선적서류	파일선택 선택된 파일 없음	※ BL/송장/패킹확인증 등
기타 1	파일선택 선택된 파일 없음	※ 공매일 경우 입금확인증 필수
기타 2	파일선택 선택된 파일 없음	
기타 3	파일선택 선택된 파일 없음	
기타 4	파일선택 선택된 파일 없음	
기타 5	파일선택 선택된 파일 없음	

신청   목록

④ 수입 추천서에 첨부해야 할 서류들은 어떤 것들이 있을까요?

　아래는 통상적인 신청 서류이며, 이러한 서류들이 대체로 사용된다고 보시면 되지만 품목마다 필요 서류가 다를 수 있으니 실제 적용하실 때에는 배분 공고를 확인하시기 바랍니다.

　- 선적 서류(선하증권(B/L), 상업송장(Invoice), 포장명세서(Packing List)) 사본 각 1부
　- 수입 대행 계약서 또는 B/L양수도 계약서(해당 업체의 경우에 한함) 사본 1부

⑤ 몇 가지 유의해야 할 사항을 확인해 보겠습니다.

- 관세청 Uni-Pass상 입항 적하 목록 제출이 확인된 B/L 및 수수료 납부 확인된 건에 한하여 발급합니다.
- 추천서 신청 후 발급되는 업체별 가상 계좌에 수수료를 납입하여야 합니다.

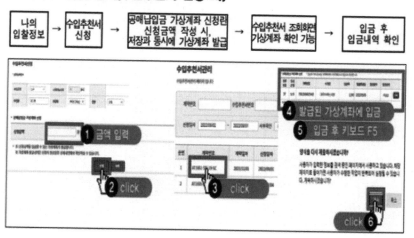

- 통상적으로 추천 신청 기한(배정 승인일로부터 10일 이내) 내에 추천 신청을 하지 않는 경우, 배정 승인을 취소합니다.

할당관세적용추천서

※추천번호 :

1. 신청인 (납세의무자)

상호 :

주소 :

성명 : C___   사업자등록번호 : 7...   l

2. 수입자

상호 : 주식회사

주소 : 2...

성명 :   사업자등록번호 :   무역업등록번호 :

3. 추천내역

①세번부호(H.S) : 0804.50-2000

②품명 및 규격   망고

③추 천 수 량   ...KG   ④금   액 : ....THB 태국

⑤원산지(공급자) : 태국

⑥수입신고 예정일 : 2023-12-13   ⑦보세구역 반출 예정일 : 2023-12-14

⑧용   도   일반내수용

①세번부호(H.S) :	
②품명 및 규격 :	
③추 천 수 량 :	④금 액 :
⑤원산지(공급자) :	
⑥용도 :	
①세번부호(H.S) :	
②품명 및 규격 :	
③추 천 수 량 :	④금 액 :
⑤원산지(공급자) :	
⑥용도 :	

※추천조건 : 21797686713

※유효기간 : 20231231

※근거법령 : 농림축산식품부 공고 제2023-450호('23.11.16)

　　　　위와 같이 추천함

2023년 12월 14일

추천기관의장 한국농수산식품유통공사

12) 한글 표시 사항을 만들어야 하는데 어떻게 작성하나요?[12]

　식품 등에는 위생적인 취급을 도모하고 소비자에게 정확한 정보를 제공하며 공정한 거래의 확보를 목적으로 표시 기준을 규정하고 있습니다. 따라서 생과실인 망고도 규정에 따른 적정한 한글 표시를 하여야 식약처에 수입 신고를 할 수 있습니다. 망고는 자연 상태 식품으로 분류되어지며, 표시 기준은 다음과 같습니다.

자연 상태 식품 표시 기준(수입 식품, 망고 생과실)

1. 내용물의 명칭 또는 제품명(제품명의 경우 내용물의 명칭 포함)
2. 수입 판매 업소명
3. 생산 연도, 생산 연월일 또는 포장일
4. 내용량

　다만, 비닐랩(wrap) 등으로 포장(진공 포장 제외)하여 관능으로 내용물을 확인할 수 있도록 투명하게 포장한 자연 상태 식품은 내용량 표시를 생략할 수 있음.
5. 보관 방법(해당 경우에 한함)
6. 주의 사항(해당 경우에 한함)
7. 유전자 변형 농축 수산물의 경우 「유전자변형식품등의 표시기준」에 따른다.
8. 기타 표시 사항
1) 용기·포장에 넣어지지 않고 수입되는 자연 상태의 농·임·축·수산물은 한글 표시를 생략할 수 있다.
2) 투명 포장 한 자연 상태 식품 중 냉동·건조·염장·가열 처리 하지 아니한 것은 생산 연도, 생산 연월일 또는 포장일을 생략할 수 있다.

12　식품등의 표시기준 [시행 2023.9.26.] [식품의약품안전처고시 제2023-64호, 2023.9.26., 일부 개정] Ⅲ.1.퍼

3) 투명 포장 한 자연 상태 식품(최종 소비자에게 판매하는 식품에 한한다)의 경우, 표시 사항을 진열 상자에 표시하거나 별도의 표지판에 기재하여 게시하는 때에는 개개의 제품별 표시를 생략할 수 있다(다만, 우편 또는 택배 등의 방법으로 최종 소비자에게 배달하는 것은 제품별 표시 사항을 생략하여서는 아니된다).

식품표시·광고법에 의한 한글표시사항	
제품명	신선망고(FRESH MANGO)
수입판매업소명 및 연락처	㈜SY농산 TEL : 02-500-7000
수출업소	THAI FRESH FARM
내용량	5kg
원산지	태국
포장일	2023년 12월 10일
반품 및 교환	수입원 또는 구입처
보관방법	서늘한 곳에 보관
"부정·불량 식품신고는 국번없이 1399"	

망고 한글 표시 사항 샘플

13) 한국 수출용 망고 생과실에 대한 증열 처리가 뭔가요?[13]

한국 수출용 망고 생과실은 태국 식물 검역관 감독하에 증열 처리(Vapor Heat Treatment)가 되어야 합니다. 증열 처리 조건은 과실 중심부 온도가 47℃에 도달한 이후 20분 이상 처리, 처리 기간 동안 처리실의 상대 습도는 90% 이상 유지해야 합니다.

- 처리 대상 병해충: Bactrocera correcta, B. cucurbitae(= Zeugodacus cucurbitae), B. dorsalis(= B. papayae), B. latifrons, B. tau, B. tuberculata, B. umbrosa, B. zonata, B. carambolae

시설 요건 및 점검 기준 등은 태국 수출자가 이행해야 하는 과정들이며, 이러한 증열 처리 사항들은 추후 DOA의 식물검역증에 필수 부기 사항입니다.

---

[13] 11)~14) 수입금지식물 중 태국산 망고 생과실의 수입 금지 제외 기준 [시행 2020. 12. 11.] [농림축산검역본부고시 제 2020-57호, 2020. 12. 11., 전부 개정]

14) 한국 수출용 망고 생과실에 대한 포장 및 라벨링 규정은 무엇인가요?

- 포장 상자는 과거에 사용하지 않은 새로운 것을 사용하여야 합니다.

- 포장 상자의 모든 통기 구멍에는 1.6㎜ 이하의 그물망을 부착하거나, 포장 상자 또는 파렛트 단위 전체를 비닐 또는 1.6㎜ 이하의 망으로 포장되어야 합니다.

- 한국 수출용 포장 상자 또는 파레트의 라벨 표시 사항
1. '한국 수출용(For Korea)' 기재(상자는 10㎝ 이상 × 3㎝ 이상, 파레트는 15㎝ 이상 × 5㎝ 이상)
2. '수출 과수원명 및 수출 선과장명(또는 등록 번호)' 기재

15) 망고 수출 검역

- 태국 식물 검역관은 포장 상자 수의 2% 이상 또는 임의 추출된 600개(1,000개 이하일 경우 450개)를 대상으로 수출 검역을 실시합니다.

- 태국 식물 검역관은 최소 50개의 생과실을 절개하여 내부 가해 해충(Sternochetus spp.) 감염 여부를 검사합니다.

- 수출 검역 결과 검역 병해충 목록(38종)의 살아 있는 검역 병해충이 검출된 경우에는 태국 DOA는 아래와 같이 조치하여야 합니다.
1. 과실파리(Bactrocera spp.)가 검출되는 경우, 해당 화물을 불합격 처리 하고 원인 규명 및 개선 조치가 완료될 때까지 망고 생과실 수출 중단.
2. 바구미류(Sternochetus spp.)가 검출된 경우, 해당 화물을 불합격 처리 하고 관련 수출 과수원은 당해 시즌 수출에서 제외.
3. 검역 병해충 목록(38종)의 기타 살아 있는 검역 병해충이 검출된 경우, 해당 화물은 불합격 처리. 다만, 병해충을 완전히 사멸시키거나 제거한 후에는 수출 가능.

- DOA는 검역 병해충 검출 사항을 검역 본부에 신속히 통보하여야 합니다.

16) 식물검역증명서는 사본을 통해 내용을 미리 확인하세요

- 수출 검역에 합격한 화물은 태국 식물검역관 입회하에 다음 각 호와 같이 봉인되어야 합니다.
1. 컨테이너로 수송할 경우에는 봉인을 실시한 후 컨테이너 번호와 봉인 번호를 식물검역증명서에 기재.
2. 컨테이너로 운송되지 않고 파렛트 단위로 수입되는 화물의 경우에는 각 상자별로 봉인하고 'TREATED PQ-DOA-THAILAND'라는 표시(15cm 이상 × 5cm 이상)를 각 상자에 부착.

- 태국 식물 검역관은 합격된 화물에 대하여 다음 각 호의 정보 및 부기 사항이 기재된 식물검역증명서를 발급합니다.
1. 수출 과수원 및 수출 선과장 이름(또는 등록번호)
2. 컨테이너 화물의 경우 컨테이너 번호 및 봉인 번호
3. 증열 처리 사항(처리 날짜, 처리 온도, 처리 시간 등)
4. "The mango fruits in this consignment have been inspected and found to be free of Sternochetus frigidus and S. olivieri"

- 수출 검역에 합격된 화물은 한국에 도착하는 시점까지 병해충이나 흙에 재오염되지 않도록 보관 및 수송되어야 합니다.

กษ/บ พ.ก. เจ-ๆ
Form P.Q. 7-1

Department of Agriculture
Ministry of Agriculture and Cooperatives, Bangkok, Thailand
Phytosanitary Certificate

Plant Protection Organization of Thailand

To: Plant Protection Organization(s) of REPUBLIC OF KOREA   No. TH6610012830

1. Name and address of exporter :	2. Declared name and address of consignee :

3. Number and description of packages :	4. Distinguishing marks :
174 CARTON(S)	NO MARK

5. Place of origin :	6. Declared means of conveyance :	7. Declared point of entry :
THAILAND	AIR TRANSPORT, -	INCHEON, REPUBLIC OF KOREA

8. Name of produce and quantity declared :	9. Botanical name of plants :
MANGO 870.0000 KG(S) 174 CARTON(S) (NAMDOKMAI)	MANGIFERA INDICA

This is to certify that the plants, plant products or other regulated articles described herein have been inspected and/or tested according to appropriate official procedures and are considered to be free from the quarantine pests specified by the importing contracting party and to conform with the current phytosanitary requirements of the importing contracting party, including those for regulated non - quarantine pests

Additional Declaration

DATE OF INSPECTION : OCTOBER 11, 2023
(SEE THE ATTACHMENT)

Disinfestation and/or Disinfection Treatment

10. Date : OCTOBER 11, 2023	11. Treatment : VAPOR HEAT	12. Chemical (active ingredient) : --
13. Duration and temperature : 20 MINUTE(S)/47DEGREE CELSIUS	14. Concentration : --	15. Additional informations : --
16. Stamp of organization :	17. Place of issue : SUVARNABHUMI AIRPORT PLANT QUARANTINE STATION	19. Name and Signature of authorized officer :
	18. Date : OCTOBER 11, 2023	MS. TIPPAWAN KERDSIRI PLANT QUARANTINE OFFICER

Note : No financial liability with respect to this certificate shall attach to the Ministry of Agriculture and Cooperatives, Thailand or to any of its officers or representatives of that Ministry

1084083

식물검역증명서 샘플

Department of Agriculture
Ministry of Agriculture and Cooperatives, Bangkok, Thailand
Attachment Sheet for Phytosanitary Certificate

This is the attachment sheet for Phytosanitary Certificate No. : TH6610012830   Date : OCTOBER 11, 2023

ADDITIONAL DECLARATION :

MANGIFERA INDICA
1.THE MANGO FRUITS IN THIS CONSIGNMENT HAVE BEEN INSPECTED AND FOUND TO BE FREE OF STERNOCHETUS
FRIGIDUS AND S. OLIVIERI.
2.PACKING HOUSE NO : DOA 17000 04 010723
ORCHARD REGISTRATION NO.AC 03-9001-36411473125

For official use only

Signature of authorized officer

MS. TIPPAWAN KERDSIRI
PLANT QUARANTINE OFFICER

1084084

수입 식물 검역
(농림축산검역본부)

드디어 기다리던 망고가 입항을 하였습니다. 이제부터는 수입자의 시간입니다. 저장 기간이 짧은 신선 농산물은 조금의 지연되는 시간 없이 출고가 되어야겠지요. 하지만 입항하는 시점부터는 수입자가 직접 업무를 수행한다는 건 매우 어렵다는 게 현실이고, 식물검역신고대행자(농림축산검역본부장), 수입 식품 등 신고대행업(지방식약청장)을 보유한 관세사에 의뢰해서 업무를 진행하면 세관 수입 신고와 신고 수리 후 출고까지 관세사에서 일괄 처리가 됩니다.

아래 내용들을 확인하시면 비록 실무자들이 직접 업무를 하지는 않더라도 어떠한 프로세스로 나의 소중한 농산물이 입항 후 통관이 되는지 이해를 하실 수 있을 것입니다. 또한 이러한 일련의 과정이 이해가 되어야 수입 업무에서 리스크 관리(Risk Management)와 스케줄 관리(Schedule Management)가 가능할 것입니다.

1) 수입 식물 검역 장소 확인

식물방역법 제12조(식물 검역 대상 물품의 검역)에 규정된 별도의 경우를 제외한 모든 식물 검역 대상 물품은 최초 도착한 공항 및 항만의 수입 식물 지정 검역 장소에서 검역을 받아야 합니다. 수입 공항·항만에 있는 검역 장소 외에 다른 지역으로 보세 운송을 해서는 안 되며, 위반 시 과태료가 부과됩니다.

- 최초 도착한 공항 및 항만에서 검역을 받지 아니하고 식물 검역 대상 물품을 보세 운송 한 경우, 식물방역법 제50조(과태료) 제1항제1호에 따라 1,000만 원 이하의 과태료가 부과됩니다.

- 공항, 항만별 검역 장소 지정 현황은 농림축산검역본부 홈페이지에서 확인할 수 있으며, 자세한 사항은 관할 지역 본부 사무소에 문의하시면 됩니다.

2) 수출입업체 등록과 수입 식물 검역 신청

수출입업체 등록은 Ⅰ장의 '9) 식물 검역 온라인 민원 시스템을 통한 수출입업체 등록하기' 편을 확인하시면 됩니다. 그리고 수입 식물 검역 신청(식물 검역 대상 물품 수입 신고 및 검역 신청)은 식물 검역 신고 대행자 등록증을 보유한 관세사 등에게 의뢰해서 업무를 처리하는 게 일반적이지만, Ⅰ장의 '10) 수출 식물 검역 신청' 편과 같이 신고 과정을 확인해 보겠습니다.

제3□ 2호

식물검역신고 대행자 등록증

법 인(상호) 명			
대 표 자 성 명		생년월일	
사업장 소재지			

「식물방역법」 제12조의4제2항 및 같은 법 시행규칙 제18조의6제2항에 따라 식물검역신고 대행자로 등록하였음을 증명합니다.

2□년 □월 2□일

농림축산검역본부장

3) 지정 검역 장소에 입고 시 지체 없이 검역 신청(신고)을 하여야 한다는데요?[14]

네, 그렇습니다. 이때 '지체 없이'의 의미는 지정 검역 장소에 입고된 날로부터 10일 이내에 신고한 경우를 말합니다. 또한 초일은 기간에 산입하지 아니하고, 기간의 만료일이 토요일 또는 공휴일에 해당하는 때에는 그 익일을 만료일로 적용합니다.

- 기한 내 신고를 하지 않았을 경우 수입한 자는 최고 300만 원 이하의 과태료에 처하게 됩니다.

- 하지만 아래와 같은 경우는 검역 신청을 지체한 것으로 보지 아니한 것으로 보는 규정이 있으니 참조하시기 바랍니다.
1. 수출자로부터 무역 관련 서류가 송부되지 않은 경우
2. 당해 화물을 운송한 선박회사로부터 수입자 및 연락처를 확인할 수 없는 무적 화물인 경우
3. 관련 서류에 화주의 연락처가 기재되어 있지 않아 운송업체 등이 화물의 도착 사실을 수입자에게 통보하지 않아 수입자가 화물의 도착 사실을 인지하지 못하여 지연된 경우
4. 다른 법률에 의하여 국가기관에 압수되어 지연된 경우
5. 천재지변 또는 운송회사 등과 수입자 간의 법적 다툼으로 운송이 지연된 경우
6. 그 밖에 농림축산검역본부의 지역본부장 또는 사무소장이 고의성이 없고 명백한 사유가 있다고 인정하는 경우

---

14 *식물방역법 위반자에 대한 과태료 부과요령 시행 2021. 12. 14.] [농림축산검역본부고시 제2021-61호, 2021. 12. 14., 일부개정] 제2조(위반행위의 적용기준)
*식물방역법 시행령 [별표] <개정 2020. 3. 10.>과태료의 부과기준(제7조 관련)

4) Uni-Pass를 통한 식물 검역 대상 물품 수입 신고 및 검역 신청하기

Uni-Pass 가입 방법은 Ⅰ장의 '10) 수출 식물 검역 신청' 편을 확인하시면 됩니다.

① 통관 단일 창구 → 신청서 작성 → 전체

1.

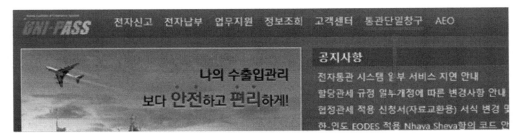

2.

3.

② 식물 검역 대상 물품 수입 신고 및 검역 신청서 공통 사항 화면

1. 신고 기관 선택

검역을 받을 망고가 보관되어 있는 지정 창고의 관할 검역 본부(지역본부 및 사무소)를 검색해서 선택하시면 됩니다.

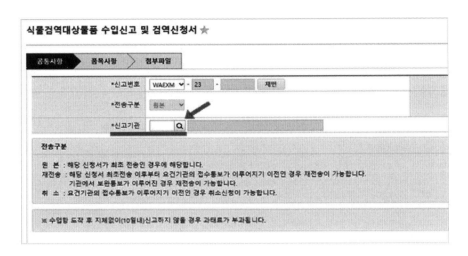

2. 신청인/수입자

- 상호/성명, 전화번호: 로그인한 사용자의 등록된 정보가 자동 출력 됩니다.

- 요구 사항(대행업체): 요구 사항 등을 입력합니다.
  수입식물검역증명서를 대리인이 발급받고자 하는 경우 해당 대리인의 성명, 상호, 전화번호를 기재합니다.

  * 식물 검역 신고 대행자(농림축산검역본부에 등록된 대행자)
  * 현장 검역 시 입회인(화주 또는 관세사 등 대행업체)의 이름과 연락처 기재

- 업체 코드: 식물 검역 온라인 민원 시스템에 등록한 수입자의 업체 코드를 입력합니다. Ⅰ장 1)편, 9)편을 확인해 보시면 설명이 되어 있습니다.

3. 수출자/기본 신고 사항

- 수출자: 조회 또는 직접 입력하시면 됩니다.

- 이 외 해당란들도 직접 입력하거나 검색하시면 자동 생성됩니다.

③ 품목 사항 화면

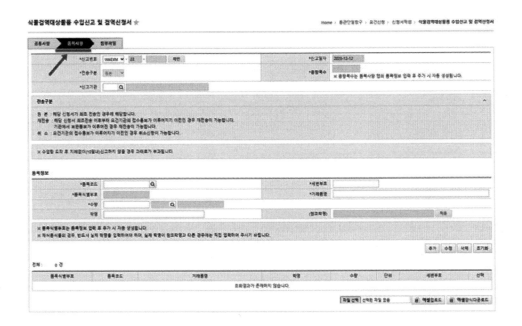

1. 품목 코드 돋보기 선택

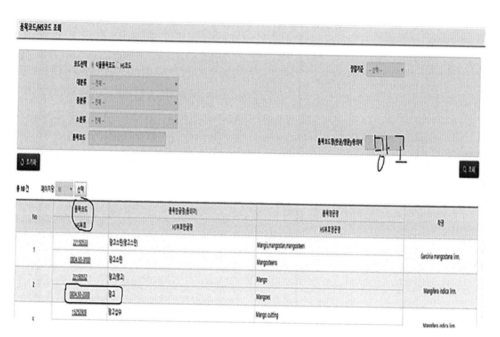

2.

- 품목 코드명에 망고 검색 → 망고를 선택하면 아래의 화면이 자동 생성 됩니다.

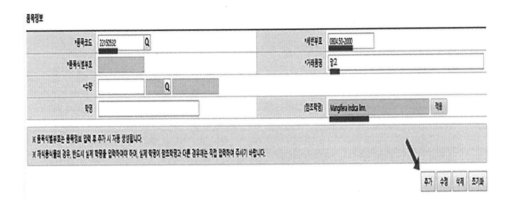

- 품목 추가 시 추가 버튼을 선택 후 추가하시면 됩니다.

④ 첨부 파일 화면

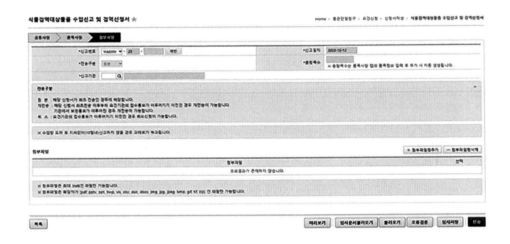

- 수입 식물 검역 관련 서류 또는 Packing List, 현품 사진 등 무역 관련 서류 첨부
가 필요한 경우 첨부하시면 됩니다.

5) APQA 검역관이 현장 검역 시 확인하는 것과 제출 서류는 무엇인가요?[15]

- 식물검역증명서 첨부 및 부기 사항의 적정 여부를 확인합니다.

- 화물의 표시 사항 및 봉인 상태를 확인합니다.

- 컨테이너로 운송되는 화물의 경우 컨테이너 번호, 봉인 번호, 봉인의 파손 여부를 확인합니다.

- 파렛트 단위로 수입되는 화물의 경우, 각 상자의 봉인 상태 및 'TREATED PQ-DOA-THAILAND'라는 표시의 부착 유무를 확인합니다.

주의

* 식물검역증명서는 원본을 제출해야 하는 것을 꼭 기억하시기 바랍니다. 그리고 B/L 사본을 준비하시면 됩니다.
* 화물이 항공 운송 시에는 선적 시 서류를 동봉시키고, 선박 운송 시에는 DHL 등 특송으로 받으시기 바랍니다.

---

15 5)~6) 수입 금지 식물 중 태국산 망고 생과실의 수입 금지 제외 기준 [시행 2020. 12. 11.]|농림축산검역본부고시 제 2020-57호, 2020. 12. 11., 전부 개정]

6) 검역관 현장 검역 시 현장 입회를 해야 한다는데요?

　화주 또는 관세사 등 대행인은 APQA 검역관이 현장 도착 시 검역 준비를 완료해 놓으셔야 합니다. 검역 준비가 되어 있지 않을 경우 순연될 수 있음을 유의하시기 바랍니다. 검역 당일 검역관 배정 일정은 농림축산검역본부 홈페이지에서 확인하실 수 있습니다.

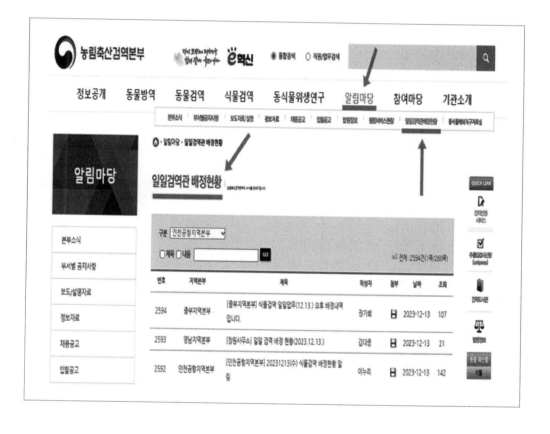

7) 실험실 검역

APQA 검역관은 현장 확인 결과 이상이 없다면 대한민국 「식물방역법」 및 관련 규정에 따라 수입 검역(실험실 검역)을 실시합니다.

- 수입 검역 결과, 살아 있는 검역 병해충(36종)이 검출될 경우, 아래와 같이 조치하여야 합니다.

1. 과실파리(Bactrocera spp.)가 검출되는 경우, 해당 화물을 불합격 처리하고 원인 규명 및 개선 조치가 완료될 때까지 태국산 망고 생과실의 수입 중단

2. Sternochetus spp.가 검출된 경우, 해당 화물을 불합격(소독, 폐기 또는 반송) 처리하고, 해당 과수원에서 생산된 생과실의 당해 년도 수입 중단

3. 기타 살아 있는 검역 병해충이 검출된 경우, 대한민국 관련 규정에 따라 해당 화물을 소독, 폐기 또는 반송 조치

수입식물 검역절차

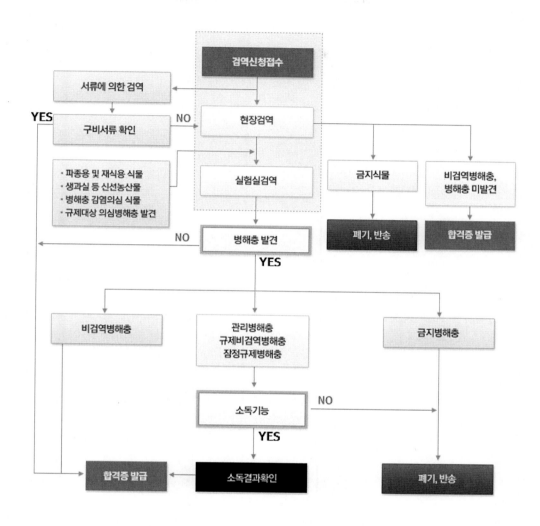

자료: 농림축산검역본부 홈페이지(www.qia.go.kr) 캡처, 2023.11.21.

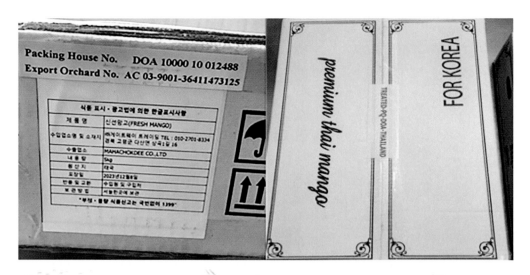

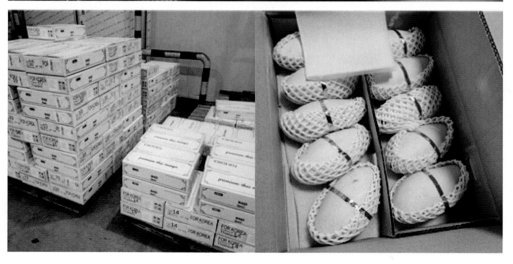

식품 검사
(지방식약청)

이제 식약청의 식품 검사를 받아야 합니다. 생과실인 망고를 수입하는 데는 이렇게나 확인하고 처리해야 할 업무들이 많습니다. 하지만 지금까지 확인한 모든 업무들 중 단 한 가지도 소홀히 해서는 안 됩니다. 자, 이제 거의 마무리가 되어 가고 있으니 조금만 더 힘을 내 보시죠.

간혹 '농림축산검역본부의 수입 식물 검역'과 '식약처의 수입 식품 검사'에 대해 구별을 잘 못 하는 경우가 더러 있습니다. 이번 기회에 이 둘을 구분해 보겠습니다.

수출입공고	
수입요건	**식물방역법** 식물방역법 제10조의 규정에 의한 수입금지 지역으로부터는 수입할 수 없으며 식물검역기관의 장에게 신고하여 식물검역관의 검역을 받아야 한다(본문 제68조, 제71조 및 제73조의 2 참조)
	수입식품안전관리특별법 식품등 식품위생법 대상은 식품위생법 제7조 또는 제9조의 규정에 의한 기준 및 규격에 적합한 것에 한하여 수입할 수 있으며, 수입할 때마다 수입식품안전관리 특별법 제20조의 규정에 의거 지방식품의약품안전청장에게 신고하여야 함
세관장확인	**수입식품안전관리특별법** - 식품 또는 식품첨가물의 것은 수입식품안전관리 특별법 제20조에 따라 지방식품의약품안전청장에게 신고하여야 한다.
	식물방역법 - 식물검역기관의 장에게 신고하고, 식물검역관의 검역을 받아야 한다.(식물방역법 제10조에 따른 수입금지지역으로부터는 수입할 수 없음)

자료: www.clhs.co.kr 캡처, 2023.12.12

관세청에 망고를 수입 신고 하기 전 사전에 요건을 이행해야 하는 것이 두 가지가 있는데, 그 첫 번째가 식물방역법에 의한 수입 식물 검역(농림축산검역본부)을 받아야 하며, 두 번째가 수입식품안전관리특별법에 의한 수입 식품 검사를 받아야 합니다. 이 두 가지 요건이 모두 적합하다는 판정이 나와야만 비로소 관세청에 수입 신고를 할 수가 있습니다.

식물방역법 제1조(목적)은 식물에 해를 끼치는 병해충을 방제(防除)하기 위하여 필요한 사항을 규정함으로써 농림업 생산의 안전과 증진에 이바지하고 자연 환경을 보호하는 것을 목적으로 합니다. 즉, 수입 식물 검역을 하는 목적이 이와 같을 것입니다.

수입식품안전관리특별법에 의한 수입 식품 검사는 판매를 목적으로 하거나 영업상 사용하기 위하여 수입하는 식품, 식품 첨가물, 기구 또는 용기·포장 등에 대하여 유해 물질 검사, 사용 불가 원재료나 첨가물 등 기준에 적합한 원재료 사용 여부, 표시 기준에 관한 사항(라벨링) 등을 검사합니다.

식약청에 '수입 식품 등의 수입 신고' 역시 '수입 식품 등 신고대행업' 등록을 받은 관세사 등에 의뢰하셔서 업무를 처리하시면 됩니다.

이 역시도 관세청 인터넷 통관 포털 'Uni-Pass'를 통해 신고를 합니다만, 실제 관세사(수입 식품 등 신고대행업) 등을 통해 신고가 이루어지고 있기 때문에 본 책에서는 대략적인 화면 구성만을 확인해 보도록 하겠습니다.

제   호

영 업 등 록 증

○ 대 표 자 :   (생년월일 :   )

○ 영업소 명칭 :

○ 소 재 지 :

○ 영업장 면적 : 161 ㎡

○ 영업의 종류 : 수입식품등 신고대행업

○ 조   건 :

「수입식품안전관리 특별법」 제15조 제2항 및 같은 법 시행규칙 제16조
제3항에 따라 위와 같이 등록하였음을 증명합니다.

년   월   일

대구지방식품의약품안전청장

영업등록증 샘플

1) Uni-Pass를 통한 수입 식품 등의 수입 신고 하기

1.

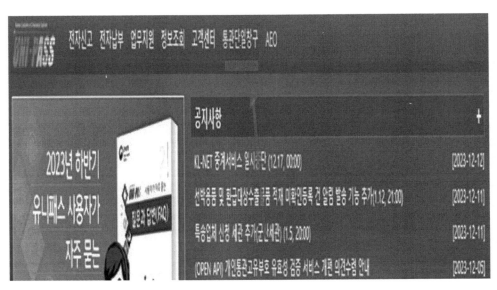

2.

3.

No	기관명	신청서명	전자매뉴얼	변경코드
1	식품의약품안전처	수입식품 동의 수입신고서	▦	▦
2	식품의약품안전처	마약류 수입 승인 신청서	▦	▦
3	식품의약품안전처	마약류 수입 변경승인 신청서	▦	▦

4. 공통 사항부터 내용을 기입하시면 됩니다.

2) 식약청 검사의 종류는 어떠한 것들이 있을까요?[16]

□ **서류 검사**

수입 신고 서류 등을 검토하여 그 적합 여부를 판단하는 검사를 말합니다.

□ **현장 검사**

제품의 성질·상태·맛·냄새·색깔·표시·포장 상태 및 정밀 검사 이력 등을 종합하여 그 적합 여부를 판단하는 검사로써, 식품의약품안전처장이 별도로 정하는 기준과 방법에 따라 실시하는 관능 검사 [인간의 오감(五感)에 의하여 평가하는 제품 검사] 를 포함합니다.

망고와 같이(농·임·수·축산물) 식품의 기준 및 규격이 설정되지 아니한 것은 현장 검사의 대상이 됩니다.

□ **정밀 검사**

물리적·화학적 또는 미생물학적 방법에 따라 실시하는 검사로써, 서류 검사 및 현장 검사를 포함합니다. 주로 최초로 수입되는 식품 등이 해당됩니다.[17]

정밀 검사를 받게 되면 검사항목 등에 따라 다르지만 통상 5~10일가량이 소요되니 저장 기간이 짧은 농산물 등은 일정 관리에 각별한 주의가 필요합니다.

□ **무작위 표본 검사**

식품의약품안전처장의 표본 추출 계획에 따라 물리적·화학적 또는 미생물학적

---

16 수입식품안전관리특별법 시행 규칙 [별표9] 〈개정 2022. 3. 2.〉
17 자세한 내용은 수입식품안전관리 특별법 시행 규칙 [별표 10] 또는 『박준현, 식품표시광고법과 수입식품법 해설(북랩, 2023.)』을 참고하세요.

방법으로 실시하는 검사로써, 서류 검사 및 현장 검사를 포함합니다.

　정밀 검사를 받은 수입 식품 등이나 서류 검사 또는 현장 검사 대상인 수입 식품 등 중 수입 식품 등의 종류별 위해도 등을 고려하여 표본 추출 계획에 따라 검사가 필요하다고 인정하는 수입 식품 등이 해당되며, 또한 수입 식품 안전 관리에 필요한 정보를 수집하기 위하여 검사가 필요하다고 인정하는 수입 식품 등도 해당됩니다.

3) 저장 기간이 짧은 망고 등의 경우 정밀 검사를 받게 되면 시중에 유통할 수 있는 기간이 매우 짧아져 수입자가 매우 어려움을 겪을 수밖에 없습니다. 위험 부담을 최소화할 수 있는 좋은 방법이 있을까요?

최초 수입 시 수입실적으로 인정이 되는 최소 신고 중량인 100kg(Net weight)이상 **18**을 항공으로 수입하여 실적을 만든 후 본 물량을 수입하는 방법이 가장 최선입니다.

망고와 같이 농·임·수·축산물의 동일사 동일 수입 식품으로 인정되는 조건은 생산국·품명·수출업소 및 포장 장소(수산물은 제외)가 같은 것으로서 정밀 검사를 받은 후 5년 이내에 다시 수입할 경우입니다.

참고로 농·임·수·축산물을 제외한 식품은 제조국·해외 제조업소·제조 방법 및 원재료명이 같은 것, 식품 첨가물은 제조국·해외 제조업소·제품명·제조 방법 및 원재료명이 같은 것으로써, 정밀 검사를 받은 후 5년 이내에 다시 수입된 것입니다.

18　수입 최소량 이란 신고 중량으로 100kg을 말한다. 「수입식품 등 검사에 관한 규정」 제14조.

□ 동일사 동일수입식품등 기준(수입식품안전관리특별법 시행규칙 [별표10] 제4호)

구분	세부 기준
식품 및 식품첨가물	제조국·해외제조업소·제품명·제조방법 및 원재료명이 같은 것
농·임산물	생산국·품명·수출업소 및 포장장소가 같은 것
수산물	생산국·품명·수출업소 및 해외제조업소가 같은 것
기구·용기·포장	제조국·해외제조업소·재질 및 바탕색상이 같은 것
건강기능식품	해외제조업소·제품명·제조방법·원료 및 주원료의 배합비율이 같은 것
축산물	(식육·원유·식용란) 생산국·품목·해외작업장이 같은 것 (그 외 축산물) 생산국·해외작업장·제품명·가공방법 및 원재료명이 같은 것

* '24.1.1일부터 식품 및 그 외 축산물은 동일사 동일수입식품등 기준에서 제품명 삭제됨

자료: 수입 식품 정보 톡톡(Talk Talk)!! 제2023-4호 캡처

SY농산의 박신영 대표의 망고는 이전에 타사에서 수입한 망고와 생산국·품명·수출업소 및 포장 장소가 같으며, 정밀 검사를 받은 후 5년 이내에 다시 수입된 것이기 때문에 동일사 동일 수입 식품에 해당되어 최초 정밀 검사 대상이 아닙니다. 다만 랜덤하게 적용되는 무작위 표본 검사는 받을 수 있습니다.

수입 식품 수입 검사 절차

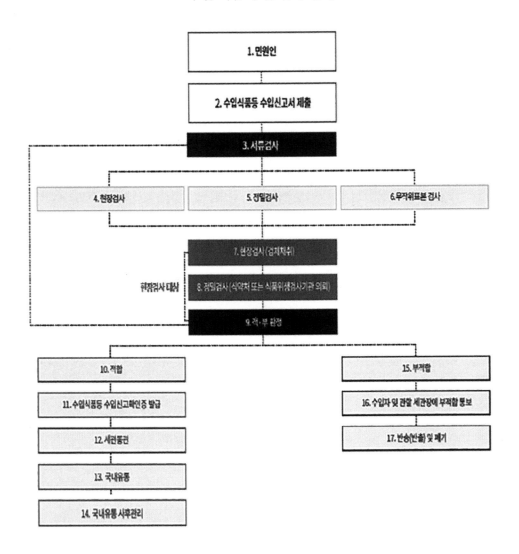

자료: 2022 수입 식품 등 검사 연보(식약처) 편집

04.

수입 신고
(세관)

이제 세관에 수입 신고만 남았습니다. 망고와 같은 생과실 수입은 세관 신고 이전까지의 업무가 매우 복잡하고 중요하다고 봐도 무방합니다. 그리고 세관 수입 신고 역시 관세사에서 처리를 하니까 수입자인 박신영 대표는 신경 쓸 일은 별로 없겠습니다.

앞서 보았듯이 세관 수입 신고를 하기 위해서는 수입 식물 검역(농림축산검역본부)과 수입 식품 검사(지방식약청)의 두 가지 사전 요건을 이행한 후 요건승인번호를 수입신고서에 기재를 해야 수입신고필증이 발급됩니다. 수입 신고부터 수리까지는 검사 대상이 되지 않는 한 1~2시간이면 완료됩니다.

이외 수입 신고를 위해 관세사에 제출하는 서류는 선적 서류 3종(Invoice, Packing List, B/L)과 특혜 관세 적용 대상인 경우 규정에 맞는 원산지증명서를 수입 신고 전 사본을 준비하시기 바랍니다.

이제 수입 신고가 수리되었고, 맛있는 망고가 소비자들을 위해 시장으로 출발합니다.

자료: www.clhs.co.kr 캡처, 2023.12.15.

1. Goods consigned from (Exporter's business name, address, country)	Reference No.	AK2023-0057017
... 410 MOC ...DISTRICT CHIANG PIN ... MUANG ... PROVINCE ... TAX ID: 06.. ...613		**ASEAN-KOREA FREE TRADE AREA PREFERENTIAL TARIFF CERTIFICATE OF ORIGIN** (Combined Declaration and Certificate)

2. Goods consigned to (Consignee's name, address, country)
... 16. BANGOOK 1-GIL ... GI... ...O, REP... ...E KPT

FORM AK

Issued in **THAILAND**
(Country)
See Notes Overleaf

3. Means of transport and route (as far as known)	4. For Official Use
BY AIR FREIGHT Departure date 12/12/2023 Vessel's name/Aircraft etc. TG658/12 Port of Discharge INCHEON, REPUBLIC OF KOREA	☐ Preferential Treatment Given Under ASEAN-KOREA Free Trade Area Preferential Tariff ☐ Preferential Treatment Not Given (Please state reason/s) .... Signature of Authorised Signatory of the Importing Country

5. Item number	6. Marks and numbers on packages	7. Number and type of packages, description of goods (including quantity where appropriate and HS number of the importing country)	8. Origin criterion (see Notes overleaf)	9. Gross weight or other quantity and value (FOB only when RVC criterion is used)	10. Number and date of invoices
		Page 1 of 1			
1	MAHACHOKDEE	HS. CODE. 0804.50..000 FRESH FRUITS FRESH MANGO. **** TOTAL ONE HUNDRED EIGHTY THREE (183) CTNS****	"WO"	1,006.50 KGM	INV 12001 11/12/2023

11. Declaration by the exporter	12. Certification
The undersigned hereby declares that the above details and statement are correct; that all the goods were produced in ....THAILAND........................ (Country) and that they comply with the origin requirements specified for these goods in the ASEAN-KOREA Free Trade Area Preferential Tariff for the goods exported to .... (Importing Country) PROVINCE UDONTHANI 41000 12/12/2023 Place and date, signature of authorised signatory	It is hereby certified, on the basis of control carried out, that the declaration by the exporter is correct. SUVARNABHUMI AIRPORT 12 DEC 2023 Place and date, signature and stamp of certifying authority

13. ☐ Third Country Invoicing	☐ Exhibition	☐ Back-to-Back CO

No. 937797

FORM AK 샘플

수 입 신 고 필 증

※ 처리기간 : 3일

(갑지)

① 신고번호	② 신고일	③ 세관.과	④ 입항일	⑤ 전자인보이스 제출번호
12760-~~~~M	2023/12/14	040-C2	2023/12/13	
⑥ B/L(AWB)번호		⑦ 화물관리번호		⑧ 징수형태
~~13		23TG0IACCI-0011	2023/12/13	11

⑨ 신 고 인 신원호~~~~			⑯ 통관계획 D	㉒ 원산지증명서	㉓ 총중량
			보세구역장치후	유무 N	1,027 KG
⑩ 수 입 자	~~~~		⑰ 신고구분 A	㉔ 가격신고서	㉕ 총포장갯수
⑪ 납세의무자	~~~~		일반P/L신고	유무 Y	183 CT
(주소)			⑱ 거래구분 11	㉖ 국내도착항 ICN	㉗ 운송형태
(상호)	~~~~		일반형태수입	인천공항	40-ETC
(성명)	~~~~		⑲ 종류 21	㉘ 적출국 TH THAILND	
⑫ 운송주선인 NO0000X			일반수입(내수용)	㉙ 선기명 TG658	TH
⑬ 무역거래처 ~~~~ 68			⑳ MASTER B/L번호	21797686713	㉚ 운수기관부호

⑭ 검사(반입)장소	04077116-230000866(주)금융

● 품명 · 규격 (란번호/총란수 : 001/001)

㉛ 품 명 MANGO	㉝ 상표 NO
㉜ 거래품명 MANGOES	

㉞ 모델 · 규격	㉟ 성분	㊱ 수량	㊲ 단가(THB)	㊳ 금액(THB)
(NO.01) PS: FRESH,THAILAND MANGO GRADE C MEXIC. ~~~~ EDIBLE		183 CT		70

㊴ 세번부호	0804.50-2000	㊶ 순중량	915 KG	㊸ C/S검사	S 생략	㊺ 사후확인기관	
㊵ 과세가격(￦)	$ ~~48	㊷ 수량	0	㊹ 검사변경		㊻ 특수세액	0.00
	￦	㊼ 환급물량	183 CT	㊽ 원산지 TH-A-B-D			

㊾ 수입요건확인	12-1023453811	69-2CC2023700775369	67-3277002300572933
(발급서류명)	수입식물검사합격증명서	수입식품안전관리특별법	발급관세적용추천서

㊿ 세종	세율(구분)	감면율	세액	감면분납부호	감면액	*내국세종부호
관	0.00 (P3할기)	0.00	0		0	
부	10.00 (B)	100.00	0	K020104	30	

⑤ 결제금액(인도조건-통화종류-금액-결제방법)	CFR-THB-117,120-TT	⑤ 환율	37.2800
⑤ 총과세가격	$ ~~3	⑤ 운임	0	⑤ 가산금액	0	⑤ 납부번호	
	￦	⑤ 보험료	0	⑤ 공제금액	0	⑤ 부가가치세과	

⑤ 세 종	세 액	※신고인기재란	※세관기재란
관 세	0		
개별소비세	0		
교통에너지환경세	0		
주 세	0		
교 육 세	0		
농어촌특별세	0		
부가가치세	0		
신고지연가산세	0		
미신고가산세	0		
⑤ 총세액합계	0	⑤ 담당자 000000	⑤ 접수일시 2023/12/14 15:~~~	2023/12/04

발 행 번 호 : 2023167968477(2023.12.14)   세관.과 : 040-C2   신고번호 : 12760-23-300062M   Page : 1/1

* 본 신고필증은 발행 후 세관심사 등에 따라 정정,수정될 수 있으므로 정확한 내용은 발행번호 등을 이용하여 관세청 인터넷통관포털 (http://unipass.customs.go.kr)에서 확인하시기 바랍니다.
* 본 수입신고필증은 세관에서 형식적 요건만을 심사한 것이므로 신고내용이 사실과 다른 때에는 신고인 또는 수입화주가 책임을 져야 합니다.
* 본 신고필증은 전자문서(PDF파일)로 발급된 신고필증입니다.
* 출력된 신고필증의 진본여부 확인은 전자문서의 '시점확인필' 스탬프를 클릭하여 확인할 수 있습니다.

수입신고필증 샘플

수입 금지 식물 중 태국산 망고 생과실의 수입 금지 제외 기준 [시행 2020. 12. 11.] [농림축산검역본부 고시 제2020-57호]

수출 검역 단지 지정 및 관리 요령[시행 2022. 1. 21.] [농림축산검역본부고시 제2022-2호]

식물방역법 [시행 2020. 3. 11.] [법률 제16784호]

식물방역법 시행령 [시행 2021. 12. 28.] [대통령령 제32264호]

식물방역법 시행 규칙 [시행 2023. 2. 22.] [농림축산식품부령 제563호]

식물방역법 위반자에 대한 과태료 부과 요령 [시행 2021. 12. 14.] [농림축산검역본부고시 제2021-61호]

식품 등의 표시 기준 [식품의약품안전처 고시 제2022-25호]

수입 식품 등 검사에 관한 규정 [시행 2023. 1. 1.] [식품의약품안전처고시 제2022-25호]

수입식품안전관리 특별법 [시행 2023. 6. 11.] [법률 제18965호]

수입식품안전관리 특별법 시행령 [시행 2022. 2. 18.] [대통령령 제32444호]

수입식품안전관리 특별법 시행 규칙 [시행 2022. 9. 3.] [총리령 제1800호]

한국산 복숭아·포도·배·사과·감(단감)·딸기·참외(멜론) 감귤 생과실의 태국 수출 검역 요령 [시행 2021. 3. 30.] [농림축산검역본부고시 제2021-20호, 2021. 3. 30]

2022년 한눈에 보이는 국가별 농식품 수출교역조건현황, 태국편 p.234

한국농수산식품유통공사 2023.07.

2022 수입식품 등 검사 연보 식약처

수입 식물 검역 문답집 농림축산검역본부

수출 식물 검역 문답집 농림축산검역본부

수입식품 정보 톡톡(Talk Talk)!! 제2023-4호

알기 쉬운 해외 수출업소 안내서, 수입식품정보마루(www.impfood.mfds.go.kr)

알기 쉬운 해외 제조업소 안내서, 수입식품정보마루(www.impfood.mfds.go.kr)

자연 상태 식품 표시 관련 질의 답변, 식약처 식품표시정책과, 2022.07.20

국가관세종합정보망서비스(www.unipass.customs.go.kr)

농림축산검역본부(www.qia.go.kr)

수입식품정보마루(www.impfood.mfds.go.kr)

식물 검역 온라인 민원 시스템(www.pqis.go.kr/minwon)

씨엘(www.clhs.co.kr)

비축 농산물 전자입찰시스템(www.atbid.co.kr)